数控车编程与加工应用实例

主　编　贺泽虎
副主编　谢　胜　刘　波　刘　强
参　编　刘　建　蒋文辉

重慶大學出版社

内 容 提 要

本书以项目的形式系统地介绍了数控车编程和加工的知识及技能。其主要内容包括数控车床基本操作与安全文明生产、轴类零件编程与加工、套类零件编程与加工、成型面零件编程与加工、配合零件编程与加工。本书以加工实例为学习载体，各任务内容安排遵循实践教学规律，根据零件的加工过程，层层递进，图文并茂，针对性强，可操作性强；具体内容以实例加工讲解为主，旨在培养学生的编程思维和习惯，以利于实训教学的开展。

本书可作为中等职业学校的机械、机电类专业教材，也可用作中职学校数控车床实训教学、机械类工人的岗位培训。

图书在版编目(CIP)数据

数控车编程与加工应用实例/贺泽虎主编.—重庆：重庆大学出版社，2015.1(2020.3 重印)

国家中等职业教育改革发展示范学校建设系列成果
ISBN 978-7-5624-8836-1

Ⅰ.①数… Ⅱ.①贺… Ⅲ.①数控机床—车床—程序设计—中等专业学校—教材②数控机床—车床—加工工艺—中等专业学校—教材 Ⅳ.①TG519.1

中国版本图书馆 CIP 数据核字(2015)第 026073 号

数控车编程与加工应用实例

主 编 贺泽虎
副主编 谢 胜 刘 波 刘 强
策划编辑：鲁 黎
责任编辑：陈 力 版式设计：鲁 黎
责任校对：关德强 责任印制：赵 晟

*

重庆大学出版社出版发行
出版人：易树平
社址：重庆市沙坪坝区大学城西路 21 号
邮编：401331
电话：(023) 88617190 88617185(中小学)
传真：(023) 88617186 88617166
网址：http://www.cqup.com.cn
邮箱：fxk@cqup.com.cn (营销中心)
全国新华书店经销
POD：重庆新生代彩印技术有限公司

*

开本：787mm×1092mm 1/16 印张：10 字数：250千
2015 年 1 月第 1 版 2020 年 3 月第 2 次印刷
ISBN 978-7-5624-8836-1 定价：25.00 元

重庆市大足职业教育中心数控技术应用专业
教材编写委员会及工作成员名单

顾　　问:姜伯成　向才毅　谭绍华

主　　任:康道德

副 主 任:刘　强　杨朝均

委　　员:贺泽虎　粟廷富　钟建平　李明华　李良雄

张雅琪　覃德友　尹经坤　刘洪涛　刘琦琪

阳文雄　谢　胜　刘　波　李　波　王小洪

校　　对:刘　强　贺泽虎

参与企业:双钱集团(重庆)轮胎有限公司

北汽银翔汽车有限公司

上汽依维柯红岩商用车制造有限公司

重庆市大足区龙岗管件有限公司

重庆市希米机械设备有限公司

重庆润格机械制造有限公司

重庆市琼辉汽车配件制造有限公司

序　言

重庆市大足职教中心是第三批国家中等职业教育改革发展示范学校建设计划项目单位。石雕石刻、数控技术应用和旅游服务与管理是该校实施示范校建设的3个重点建设专业。建设过程中，该校基于《任务书》预设的目标任务，与行业企业和科研机构合作，在广泛开展行业需求调研、深入进行典型工作任务与职业能力分析的基础上，重构了任务型专业技能课程体系，制定了专业技能课程中的核心课程标准，基于新的课程标准进行了教材开发和教学资源建设，取得了丰硕的成果。

在此我要予以肯定的是，大足职教中心的示范校建设工作体现了"以建设促发展，以发展显示范"的理念，坚持把学校发展、教师发展和学生发展作为建设国家中职示范学校的核心人物。学校的发展、教师的发展和学生的发展，重中之重应是狠抓教学改革，而教学改革的基础工程应是课程、教材与教法。因此可以认为大足职教中心教材开发工作的价值和意义，绝不止于完成了示范校建设任务，而是奠基了教学的持续改革和弥久创新。

一是助推学校发展。学校的基本职能是培养人才。教学工作是学校的中心工作，教学模式是影响教学质量的重要因素。中职学校的教学模式应不同于普通中学，但当前的中职学校还没有完全摆脱普通中学教学模式的窠臼。教室里开机器、黑板上种庄稼、口头语言讲实验、一知半解描述工作场景与过程的现象非常普遍。不少学校上课的场景是"多数学生埋头睡或是低头玩"。有研究表明，学生在进入中职后，文化水平不仅毫无提升，反而降低。三年光阴虚度过，人生能有几三年。一旦社会对我们的学校给予不能学到"东西"的评价，试问我们的学校还能存活多久？如若学生在他而立之年回顾往事时，得出此生失败在于选读了什么学校，试问我们的学校及教师，该当如何面对？虽然造成的原因多种，改进的策略多种，但我坚信，从改革教学内容入手，是可以立竿见影的捷径。

二是促动教师发展。中职教师需要发展、能够发展，也有不少发展很好的典型；中职教师发展需要社会重视，但更重要的是必须自信、自觉，要有发展的自信目标、自信方法、自信渠道，要有坚持不懈的自觉行动。教师的主要工作是教学，教学是教师展示才华的主要舞台、实现人生价值的主要平台。在一所学校中，一名教师能否迅速脱颖而出，主要靠教学；一名教师能否获得学生的尊重和家长的信赖，主要靠教学。因此，推动教学改革能够促进教师"尚上"。教师之"尚上"，首先是专业的"尚上"。诸多研究把中职教师的发展定位于专业发展，并把成为"双师型"教师作为发展的方向和目标。教育部制定的中职教师专业标准，从3个维度、15个领域提出了60项具体要求。3个维度即专业理念与师德、专业知识和专业能力；其中，专业理念与师德包括职业理解与认识、对学生的态度与行为、教育教学态度与行为、个人修养与行为；专业知识包括教育知识、职业背景与知识、课程教学知识、通识性知识；专业能力包括教学设计、教学实施、实训实习组织、班级管理与教育活动、教育教学评价、合作与沟通、教学研究与专业发展。所有这些要求，大足职教中心的教师在教材建设中都得到了长足的进步。

三是服务学生发展。中职学生的发展面向，首先是就业，这包括及时就业和延期就业。

及时就业即毕业即就业，要提升学生就业的专业对口率，提升就业的质量和薪酬，就必须强化他们的职业能力培养，包括职业技能和职业精神；延时就业即毕业后升学，要实现他们的升学理想，就必须增强他们“技能高考要求”的能力，因此也必须发展他们的职业技能。总之，中职学校应把发展学生的职业能力作为头等重要的任务。但必须强调，所谓能力，绝不只是动作技能。应当说从来没有、永远也不会有纯粹的没有任何心智技能的动作技能。而心智技能的发展，除智力外，体能、情感、意志和信念都是重要的影响因素。我所提倡的“尚上教育”，其课程内容或活动主题主要包括强健身体、聪明智慧、健康情感、坚强意志和坚定信念，成为支撑学生能力发展的五大根基。这五大根基的夯实，有赖教师采用能够使人“尚上”的教育教学内容。而这些理念，在大足职教中心编写的教材中都有不同程度的体现。

虽然，大足职教中心在推动教学改革方面才是“万里长征走完第一步”，但“万事开头难”，必定已经开头，这是良好的开端，也一定会有美好的未来。

希望大足职教中心乘风破浪，勇往直前。为了年复一年、成百上千的学生的“尚上至善”“尚上至精”。

重庆市教育科学研究院　谭绍华

2014 年 10 月

前言

当前，社会经济的迅速发展，职业教育越来越受到重视，加快高素质技术人才的培养已成为职业教育管理的重要任务。随着机械加工行业的快速发展，企业需要大批量的技术工人，机械类专业正逐步成为中等职业学校的主要专业。由于机电一体化技术的迅猛发展，数控机床的应用已日趋普及，在现代机械制造业中，正广泛采用数控技术以提高工件的加工精度和生产效率。

随着数控车床被许多加工企业广泛应用，社会亟需大批熟练掌握现代数控车床编程、操作的技能型人才。因此，为了适应初、中级数控技术人员学习和培训的需要，满足职业学校、工人培训的数控教学之用，编写适合中等职业学校新教学模式的特点，符合企业要求，深受师生欢迎，能为学生上岗就业奠定基础的新教材，已成为职业学校教学改革的当务之急。为适应职业改革发展的需要，编者组织编写了《数控车编程与加工应用实例》，该书根据当前中等职业学校学生的实际情况和职业教育现状而编写，内容简明扼要、针对性强、由浅入深，通俗易懂，并通过采用实例来讲解各个知识点，便于初学者使用。我们努力使教材做到：

第一，针对性强，目标明确。根据当前中等职业学校学生的实际知识和能力，充分体现“以就业为导向，以能力为本位，以学生为宗旨，以技能为目标”的精神，结合中等职业学校双证书和职业技能鉴定的需求，将中等职业学校的特点和行业企业的需要有机地结合起来，为学生提高知识、技能和上岗就业奠定坚实的基础。

第二，语言简明，通俗易懂。中等职业学校的学生绝大多数是初中毕业生，由于种种原因，其文化知识基础相对薄弱，并且中职学校机械类专业的设备、师资、教学等各有特点，故在教材的编写上力求做到语言简明，图说丰富，通俗易懂，力求使学生通过对每个实例的练习，在较短的时间内较为容易地学会编程和对工件进行加工。

第三，注重实训，可操作性强。机械类专业学生的就业方向主要是一线的技术工人，本教材以具体的实例来充分体现如何做、会操作，以实作带理论，理论与实作相结合，在做的过程中掌握知识和能力。

第四，强调安全，增强安全意识。结合企业生产实际，把安全意识和安全常识体现在教材之中，为学生将来走上岗位奠定良好基础。

根据中等职业学校机械类专业的教学要求，本课程教学共需100个课时，课时分配可参考下表：

内容	项目一	项目二	项目三	项目四	项目五
课时	10	30	24	20	16

本书由重庆市大足职业教育中心贺泽虎、谢胜、刘波、刘强等老师和企业专家刘建、蒋文辉共同编写；其中，由贺泽虎担任主编，谢胜、刘波、刘强担任副主编。

本书在编写过程中得到了重庆市大足职业教育中心康道德校长、杨朝均副校长、李再明部长的大力支持和帮助，得到了重庆市润格机械有限公司、重庆市琼辉汽车配件有限公司的支持和关心，在此表示衷心的感谢。

本书的编写是编者在中等职业教育的教学改革需求中所作的尝试和探索，由于编者的水平和经验所限，书中难免有疏漏之处，恳请读者批评指正。

编　者

2014年9月

目录

项目 1
数控车床基本操作与安全文明生产

任务一　实训安全知识

【实训目标】

知识目标	1.能了解数控车床的安全操作技术 2.能了解数控车床的机床操作规程
技能目标	1.掌握数控车床的操作规程 2.掌握安全文明生产和安全操作技术
态度目标	遵守操作规程、养成文明操作、安全操作的良好习惯

【实训准备】

序　号	名　称	备　注
1	车工安全操作手册	
2	实训车间管理制度	
3	同行业企业的事故图片	

一、安全操作基本注意事项

①工作时请穿好工作服、安全鞋，戴好工作帽及防护镜，注意：不允许戴手套操作机床。
②注意不要移动或损坏安装在机床上的警告标牌。
③注意不要在机床周围放置障碍物，工作空间应足够大。
④某一项工作如需要两人或多人共同完成时，应注意相互间的协调一致。
⑤不允许采用压缩空气清洗机床、电气柜及 NC 单元。

二、工作前的准备工作

①机床开始工作前要有预热，认真检查润滑系统工作是否正常，如机床长时间未开动，可先采用手动方式向各部分供油润滑。

②使用的刀具应与机床允许的规格相符，有严重破损的刀具要及时更换。

③调整刀具所用工具不要遗忘在机床内。

④大尺寸轴类零件的中心孔是否合适，中心孔如太小，工作中易发生危险。

⑤刀具安装好后应进行一、两次试切削。

⑥检查卡盘夹紧工作的状态。

⑦机床开动前，必须关好机床防护门。

三、工作过程中的安全注意事项

①禁止用手接触刀尖和铁屑，铁屑必须用铁钩子或毛刷来清理。

②禁止用手或其他任何方式接触正在旋转的主轴、工件或其他运动部。

③禁止加工过程中量活、变速，更不能用棉丝擦拭工件，也不能清扫机床。

④车床运转中，操作者不得离开岗位，机床发现异常现象立即停车。

⑤经常检查轴承温度，温度过高时应找有关人员进行检查。

⑥在加工过程中，不允许打开机床防护门。

⑦严格遵守岗位责任制，机床由专人使用，他人使用须经本人同意。

⑧工件伸出车床 100 mm 以外时，须在伸出位置设防护物。

⑨学生必须在操作步骤完全清楚时进行操作，遇到问题应立即向教师询问，禁止在不知道规程的情况下进行尝试性操作，操作中如机床出现异常，必须立即向指导教师报告。

⑩手动原点回归时，注意机床各轴位置要距离原点-100 mm 以上，机床原点回归顺序为：首先+X 轴，其次+Z 轴。

⑪在使用手轮或快速移动方式移动各轴位置时，一定要看清机床 X、Z 轴各方向的"+、-"号标牌后再移动。移动时先慢转手轮观察机床移动方向无误后方可加快移动速度。

⑫学生编完程序或将程序输入机床后，须先进行图形模拟，准确无误后再进行机床试运行，并且刀具应离开工件端面 200 mm 以上。

⑬程序运行注意事项：

a. 对刀应准确无误，刀具补偿号应与程序调用刀具号符合。

b.检查机床各功能按键的位置是否正确。

c.光标要放在主程序头。

d.夹注适量冷却液。

e.站立位置应合适，在启动程序时，右手作按停止按钮准备，程序运行中手不能离开停止按钮，如有紧急情况应立即按下停止按钮。

⑭加工过程中认真观察切削及冷却状况，确保机床、刀具的正常运行及工件的质量。并关闭防护门以免铁屑、润滑油飞出。

⑮在程序运行中须暂停测量工件尺寸时，要待机床完全停止、主轴停转后方可进行测量，以免发生人身事故。

⑯关机时,要等主轴停转3 min后方可关机。

⑰未经许可,禁止打开电器箱。

⑱各手动润滑点,必须按说明书要求润滑。

⑲修改程序的钥匙。在程序调整完后,要立即拿掉,不得插在机床上,以免无意改动程序。

⑳使用机床的时候,每日必须使用削油循环0.5 h,冬天时间可稍短一些,切削液要定期更换,一般为1~2个月。

㉑机床若数天不使用,则每隔1天应对NC及CRT部分通电2~3 h。

四、工作完成后的注意事项

①清除切屑、擦拭机床,使用机床与环境保持清洁状态。

②注意检查或更换磨损坏了的机床导轨上的油察板。

③检查润滑油、冷却液的状态,及时添加或更换。

④依次关掉机床操作面板上的电源和总电源。

五、车间"6S"管理制度

1.整理

①通道畅通、整洁。

②工作场所的设备、物料堆放整齐,不放置不必要的东西。

③办公桌上、抽屉内办公物品归类放置整齐。

④料架上的物品摆放整齐。

2.整顿

①机器设备定期保养并有设备保养卡,摆放整齐,处于最佳状态。

②产品、工具定位放置,定期保养。

③零部件定位摆放,有统一标识,一目了然。

④产品、工具、模具明确定位,标识明确,取用方便。

⑤车间各区域有"6S"责任区及责任人。

3.清扫

①保持通道干净、作业场所东西存放整齐,地面无任何杂物。

②办公桌、工作台面以及四周环境整洁。

③窗、墙壁、天花板干净整洁。

④产品、工具、机械、地板、机台随时清理。

4.清洁

①通道作业台划分清楚,通道顺畅。

②每天上、下班前10 min做"6S"工作。

③对不符合的情况及时纠正。

④保持整理、整顿、清扫成果并改进。

5.素养

①员工佩戴厂牌。

②员工穿厂服且清洁得体，仪容整齐大方。
③员工言谈举止文明有礼，对人热情大方。
④员工工作精神饱满。
⑤员工有团队精神，互帮互助，积极参加“6S”活动，时间观念强。

6.安全

①重点危险区域有安全警示牌。
②遵守安全操作规程，保障生产正常进行，不损坏公物。
③班前不酗酒，不在禁烟区内吸烟。
④每天做好安全检查监督记录，确实做到无一安全事故的发生。
⑤上班前主管必须宣讲并告诫员工安全问题。

【课后思考】

(1)简述数控车床的安全操作规程。
(2)简述车间“6S”管理在实际生产车间的意义。

任务二　数控机床日常维护

【实训目标】

知识目标	1.熟记保养有关知识 2.熟记保养注意事项
技能目标	1.掌握正确保养程序 2.掌握机床保养方法 3.熟记数控系统维护的流程
态度目标	遵守操作规程、养成文明操作、安全操作的良好习惯

【实训准备】

序　号	名　称	备　注
1	GSK980TD 数控车床	
2	GSK980TD 数控车床使用说明书	
3	实训车间设备维护管理制度	

一、维护保养的有关知识

数控机床是一种综合应用计算机技术、自动控制技术、自动检测技术和精密机械设计和制造等先进技术的高新技术产物，是技术密集度及自动化程度都很高的、典型的机电一体化产品。在机械制造业中，数控机床的档次和拥有量，是反映一个企业制造能力的重要标志。

但是应当清醒地认识到:在企业生产中,数控机床能否达到加工精度高、产品质量稳定、提高生产效率的目标,这不仅取决于机床本身的精度和性能,很大程度上也与操作者在生产中能否正确地对数控机床进行维护保养和使用密切相关。

只有坚持做好对机床的日常维护保养工作,才可延长元器件的使用寿命,延长机械部件的磨损周期,防止意外恶性事故的发生,争取机床长时间稳定工作;也才能充分发挥数控机床的加工优势,达到数控机床的技术性能,确保数控机床能够正常工作,因此,这无论是对数控机床的操作者,还是对数控机床的维修人员来说,数控机床的维护与保养就显得非常重要,必须引起高度重视。

二、数控设备的日常维护

在日常维护保养中,只有“严”字当头,正确、合理使用,精心地维护保养,认真管理,切实加强使用前、使用过程中和使用后的检查,才能及时、认真、高质量地消除隐患,排除故障。要做好使用运行情况记录,保证原始资料、凭证的正确性和完整性。要求操作工能针对设备存在的常见故障,提出改善性建议,并与维修工一起,采取相应措施,改善设备的技术状况,减少故障发生频率和杜绝事故发生,达到维护保养的目的。因此,要求设备操作工做到下述工作。

1.开机前

检查电源及电气控制开关、旋钮等是否安全、可靠;各操纵机构、传动部位、挡块、限位开关等位置是否正常、灵活;各运转滑动部位润滑是否良好,油杯、油孔、油毡、油线等处是否油量充足;检查油箱油位和滤油器是否清洁。在确认一切正常后,才能开机试运转。在启动和试运转时,要检查各部位工作情况,有无异常现象和声响。检查结束后,要做好记录。

2.使用过程中

①严格按照操作规程使用设备,不要违章操作。

②设备上不要放置工、量、夹、刃具和工件、原材料等。确保活动导轨面和导轨面接合处无切屑、尘灰,无油污、锈迹,无拉毛、划痕,研伤、撞伤等现象。

③应随时注意观察各部件运转情况和仪器仪表指示是否准确、灵敏,声响是否正常,如有异常,应立即停机检查,直到查明原因、排除故障为止。

④在设备运转时,操作工应集中精力,不要一边操作一边交谈,更不能开着机器离开岗位。

⑤设备发生故障后,自己不能排除的应立即与维修工联系;在排除故障时,不要离开工作岗位,应与维修工一起工作,并提供故障的发生、发展情况,共同做好故障排除记录。

3.当班工作结束后

无论加工完成与否,都应进行认真擦拭,全面保养,要求达到:

①设备内外清洁,无锈迹,工作场地清洁、整齐,地面无油污、垃圾;加工件存放整齐。

②各传动系统工作正常;所有操作手柄灵活、可靠。

③润滑装置齐全,保管妥善、清洁。

④安全防护装置完整、可靠,内外清洁。

⑤设备附件齐全,保管妥善、清洁。

⑥工具箱内量、夹、工、刃具等存放整齐、合理、清洁,并严格按要求保管,保证量具准确、精密、可靠。

⑦设备上的全部仪器、仪表和安全装置完整无损，灵敏、可靠，指示准确；各传输管接口处无泄漏现象。

⑧保养后，各操纵手柄等应置于非工作状态位置，电气控制开关、旋钮等回复至“0”位，切断电源。

⑨认真填写维护保养记录。

⑩保养工作未完成时，不得离开工作岗位；保养不合要求，教师提出异议时，应虚心接受并及时改进。

为了保证设备操作工进行日常维护保养，规定每班工作结束前和节、假日放假前的一定时间内，要求操作工进行设备保养。对连续作业不能停机保养的设备，操作工要利用一切可以利用的时间，擦拭、检查、保养，完成保养细则中规定的工作内容并达到要求。

三、CNC 系统的日常维护

1.严格制订并且执行 CNC 系统的日常维护的规章制度

根据不同数控机床的性能特点，严格制订其 CNC 系统的日常维护的规章制度，并且在使用和操作中要严格执行。

2.应尽量少开数控柜门和强电柜门

在机械加工车间的空气中往往含有油雾、尘埃，它们一旦落入数控系统的印刷线路板或者电气元件上，易引起元器件的绝缘电阻下降，甚至导致线路板或者电气元件的损坏。故在工作中应尽量少开数控柜门和强电柜门。

3.定时清理数控装置的散热通风系统，以防止数控装置过热

散热通风系统是防止数控装置过热的重要装置。为此，应每天检查数控柜上各个冷却风扇运转是否正常，每半年或者一季度检查一次风道过滤器是否有堵塞现象，如果有则应及时清理。

4.注意 CNC 系统的输入/输出装置的定期维护

例如 CNC 系统的输入装置中磁头的清洗。

5.定期检查和更换直流电机电刷

在 20 世纪 80 年代生产的数控机床，大多数采用直流伺服电机，这就存在电刷的磨损问题，为此对于直流伺服电机需要定期检查和更换直流电机电刷。

6.经常监视 CNC 装置用的电网电压

CNC 系统对工作电网电压有严格的要求。例如 FANUC 公司生产的 CNC 系统，允许电网电压在额定值的 85%～110%的范围内波动，否则会造成 CNC 系统不能正常工作，甚至会引起 CNC 系统内部电子元件的损坏。为此要经常检测电网电压，并控制在定额值的 －15%～+10%内。

7.存储器用电池的定期检查和更换

通常，CNC 系统中部分 CMOS 存储器中的存储内容在断电时靠电池供电保持。一般采用锂电池或者可充电的镍镉电池。当电池电压下降到一定值时，就会造成数据丢失，因此要定期检查电池电压。当电池电压下降到限定值或者出现电池电压报警时，就要及时更换电池。更换电池时一般要在 CNC 系统通电状态下进行，以免造成存储参数丢失。一旦数据丢失，在调换电池后，可重新进行参数输入。

8.CNC 系统长期不用时的维护

当数控机床长期闲置不用时,也要定期对 CNC 系统进行维护保养。在机床未通电时,用备份电池给芯片供电,以保持数据不变。机床上电池在电压过低时,通常会在显示屏幕上显示报警提示。在长期不使用时,要经常通电检查是否有报警提示,并及时更换备份电池。经常通电也可防止电器元件受潮或印制板受潮短路或断路等。长期不使用的机床,每周至少通电两次以上。具体做法如下所述。

①应经常给 CNC 系统通电,在机床锁住不动的情况下,让机床空运行。

②在空气湿度较大的梅雨季节,应每天给 CNC 系统通电,这样可利用电器元件本身的发热来驱走数控柜内的潮气,以保证电器元件的性能稳定可靠。生产实践证明,如果长期未使用的数控机床,在经过了梅雨天后会一开机就容易发生故障。

此外,对于采用直流伺服电动机的数控机床,如果闲置半年以上不用,则应将电动机的电刷取出来,以避免由于化学腐蚀作用而导致换向器表面的腐蚀,确保换向性能。

9.备用印刷线路板的维护

对于已购置的备用印刷线路板应定期装到 CNC 装置上通电运行一段时间,以防损坏。

10.CNC 系统发生故障时的处理

一旦 CNC 系统发生故障,操作人员应采取急停措施,停止系统运行,并且保护好现场。并且协助维修人员做好维修前期的准备工作。

数控机床日常维护保养见表 1.1。

表 1.1　数控机床日常维护保养

序号	检查周期	检查部位	检查要求
1	每天	导轨润滑油箱	检查油量,及时添加润滑油,润滑泵是否定时启动停止
2	每天	主轴润滑、恒温油箱	是否正常工作,油量是否充足,温度范围是否合适
3	每天	机床液压系统	油箱油泵有无异常噪声,工作油是否合适,压力表指示是否正常,管路积分接头有无漏油
4	每天	压缩空气气源压力	气动控制系统的压力是否在正常范围内
5	每天	气源自动分水滤气器、自动空气干燥器	及时清理分水器中滤出的水分,检查自动空气干燥器是否正常工作
6	每天	气源转换器和增压器油面	油量是否充足、不足时应及时补充
7	每天	X、Y、Z 轴导轨面	清除金属屑和脏物、检查导轨面有无划伤和损坏、润滑是否充分
8	每天	液压平衡系统	平衡压力指示是否正常,快速移动时平衡阀工作正常
9	每天	各种防护装置	导轨、机床防护罩是否齐全、防护罩移动是否正常

续表

序号	检查周期	检查部位	检查要求
10	每天	电器柜通风散热装置	各电器柜中散热风扇是否正常工作、风道滤网有无堵塞
11	每周	电器柜过滤器、滤网	过滤网、管网上是否黏附尘土、如有应及时清理
12	不定期	冷却油箱	检查液面高度、及时添加冷却液;冷却液太脏时应及时更换和清洗箱体及过滤器
13	不定期	废液池	及时处理积存的废油,避免溢出
14	不定期	排屑器	经常清理切屑,检查有无卡住等现象
15	半年	检查传动皮带	按机床说明书的要求调整皮带的松紧程度
16	半年	各轴导轨上的镶条压紧轮	按机床说明书的要求调整松紧程度
17	一年	检查或更换直流伺服电机	检查换向器表面、去除毛刺、吹净碳粉、及时更换磨损过短的碳刷
18	一年	液压油路	清洗溢流阀、液压阀、滤油器、油箱过滤或更换液压油
19	一年	主轴润滑、润滑油箱	清洗过滤器、油箱,更换润滑油
20	一年	润滑油泵、过滤器	清洗润滑油池
21	一年	滚珠丝杆	清洗滚珠丝杆上的润滑脂并添上新的润滑油

【课后思考】

(1)简述数控车床维护保养的意义。

(2)数控系统设备日常维护的内容有哪些?

任务三　数控车床的基本组成和工作原理

【实训目标】

知识目标	1.掌握数控机床的基本结构 2.了解数控机床的基本知识
技能目标	1.能分别数控机床的类别 2.能识记数控机床的基本结构 3.能正确进行基本操作
态度目标	遵守操作规程、养成文明操作、安全操作的良好习惯

【实训准备】

序　号	名　称	备　注
1	GSK980TD 数控车床	
2	GSK980TD 数控系统使用说明书	
3	GSK980TD 数控车床使用说明书	

一、机床结构和工作原理

1.机床结构

数控机床一般由输入输出设备、CNC 装置(CNC 单元)、伺服单元、驱动装置(执行机构)、可编程控制器 PLC 及电气控制装置、辅助装置、机床本体及测量反馈装置组成。图 1.1 所示为数控机床的组成框图。

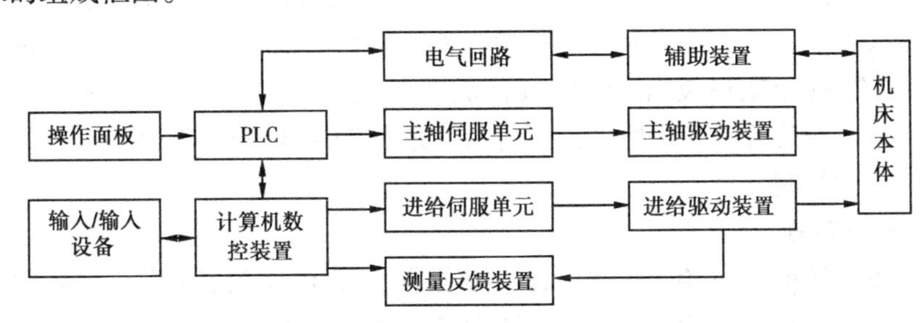

图 1.1　数控机床的组成框图

(1)机床本体

数控机床的机床本体与传统机床相似,由主轴传动装置、进给传动装置、床身、工作台以及辅助运动装置、液压气动系统、润滑系统、冷却装置等组成。但数控机床在整体布局、外观造型、传动系统、刀具系统的结构以及操作机构等方面都已发生了很大的变化,这种变化的目的是为了满足数控机床的要求和充分发挥数控机床的特点。

(2)CNC 单元

CNC 单元是数控机床的核心,CNC 单元由信息的输入、处理和输出 3 个部分组成。CNC 单元接受数字化信息,经过数控装置的控制软件和逻辑电路进行译码、插补、逻辑处理后,将各种指令信息输出给伺服系统,伺服系统驱动执行部件作进给运动。

(3)输入/输出设备

输入装置将各种加工信息传递于计算机的外部设备。在数控机床产生初期,输入装置为穿孔纸带,现已淘汰,后发展成盒式磁带,再发展成键盘、磁盘等便携式硬件,极大地方便了信息输入工作,现通过 DNC 网络通讯串行通信的方式输入。

输出是指输出内部工作参数(含机床正常、理想工作状态下的原始参数,故障诊断参数等),一般在机床工作状态时需输出这些参数并作记录保存,待工作一段时间后,再将输出与原始资料作比较、对照,可帮助判断机床工作是否维持正常。

(4)伺服单元

伺服单元由驱动器、驱动电机组成,并与机床上的执行部件和机械传动部件组成数控机床的进给系统。它的作用是把来自数控装置的脉冲信号转换成机床移动部件的运动。对于步进电机来说，每一个脉冲信号使电机转过一个角度，进而带动机床移动部件移动一个微小距离。每个进给运动的执行部件都有相应的伺服驱动系统，整个机床的性能主要取决于伺服系统。

(5)驱动装置

驱动装置把经放大的指令信号变为机械运动，通过简单的机械连接部件驱动机床，使工作台精确定位或按规定的轨迹作严格的相对运动，最后加工出图纸所要求的零件。和伺服单元相对应，驱动装置有步进电机、直流伺服电机和交流伺服电机等。

伺服单元和驱动装置可合称为伺服驱动系统，它是机床工作的动力装置，CNC 装置的指令要靠伺服驱动系统付诸实施，所以，伺服驱动系统是数控机床的重要组成部分。

(6)可编程控制器

可编程控制器（Programmable Controller，PC）是一种以微处理器为基础的通用型自动控制装置，专为在工业环境下的应用而设计。由于最初研制这种装置的目的是为了解决生产设备的逻辑及开关控制，故将其称为可编程逻辑控制器（Programmable Logic Controller，PLC）。当 PLC 用于控制机床顺序动作时，也可称其为编程机床控制器（Programmable Machine Controller，PMC）。PLC 已成为数控机床不可缺少的控制装置。CNC 和 PLC 协调配合，共同完成对数控机床的控制。

(7)测量反馈装置

测量装置也称反馈元件，包括光栅、旋转编码器、激光测距仪、磁栅等。通常安装在机床的工作台或丝杠上，它把机床工作台的实际位移转变成电信号反馈给 CNC 装置，供 CNC 装置与指令值比较产生误差信号，以控制机床向消除该误差的方向移动。

2.工作原理

使用数控机床时，首先要将被加工零件图纸的几何信息和工艺信息用规定的代码和格式编写成加工程序；然后将加工程序输入数控装置，按照程序的要求，经过数控系统信息处理、分配，使各坐标移动若干个最小位移量，实现刀具与工件的相对运动，完成零件的加工。

3.数控车床的分类

数控车床的品种和规格繁多，一般可以用以下 3 种方法分类。

(1)按控制系统分类

目前市面上占有率较大的有法拉克、华中、广数、西门子、三菱等。

(2)按运动方式分类

①点位控制数控机床。

②点位/直线控制数控机床。

③连续控制数控机床。

(3)按控制方式分类

按控制方式分类可以分为开环控制数控机床、闭环控制数控机床和半闭环控制数控机床。

4.数控车床的性能指标

(1)主要规格尺寸

数控车床主要有床身与刀架最大回转直径、最大车削长度、最大车削直径等。

(2)主轴系统

数控车床主轴采用直流或交流电动机驱动,具有较宽调速范围和较高回转精度,主轴本身刚度与抗震性比较好。现在数控机床主轴普遍达到5 000~10 000 r/min甚至更高的转速,对提高加工质量和各种小孔加工极为有利;主轴可以通过操作面板上的转速倍率开关调整转速;在加工端面时主轴具有恒线切削速度(恒线速单位:mm/min),是衡量车床的重要性能指标之一。

(3)进给系统

该系统有进给速度范围、快速(空行程)速度范围、运动分辨率(最小移动增量)、定位精度和螺距范围等主要技术参数。

进给速度是影响加工质量、生产效率和刀具寿命的主要因素,直接受到数控装置运算速度、机床动特性和工艺系统刚度限制。数控机床的进给速度可达10~30 m/min,其中最大进给速度为加工的最大速度,最大快进速度为不加工时移动的最快速度,进给速度可通过操作面板上的进给倍率开关调整。

脉冲当量(分辨率)是CNC重要的精度指标。有两个方面的内容,一是机床坐标轴可达到的控制精度(可以控制的最小位移增量),表示CNC每发出一个脉冲时坐标轴移动的距离,称为实际脉冲当量或外部脉冲当量;二是内部运算的最小单位,称之为内部脉冲当量,一般内部脉冲当量比实际脉冲当量设置得要小,为的是在运算过程中不损失精度,数控系统在输出位移量之前,自动将内部脉冲当量转换成外部脉冲当量。

实际脉冲当量决定于丝杠螺距、电动机每转脉冲数及机械传动链的传动比,其计算公式为

$$\text{实际脉冲当量}=\text{传动比}\times\frac{\text{丝杠螺距}}{\text{电动机每转脉冲数}}$$

数控机床的加工精度和表面质量取决于脉冲当量数的大小。普通数控机床的脉冲当量一般为0.001 mm,简易数控机床的脉冲当量一般为0.01 mm,精密或超精密数控机床的脉冲当量一般为0.000 1 mm,脉冲当量越小,数控机床的加工精度和表面质量越高。

定位精度和重复定位精度。定位精度是指数控机床各移动轴在确定的终点所能达到的实际位置精度,其误差称为定位误差。定位误差包括伺服系统、检测系统、进给系统等的误差,还包括移动部件导轨的几何误差等,它将直接影响零件加工的精度。

重复定位精度是指在数控机床上,反复运行同一程序代码,所得到的位置精度的一致程度。重复定位精度受伺服系统特性、进给传动环节的间隙与刚性以及摩擦特性等因素的影响。一般情况下,重复定位精度是呈正态分布的偶然性误差,它影响一批零件加工的一致性,是一项非常重要的精度指标。一般数控机床的定位精度为0.001 mm,重复定位精度为±0.005 mm。

(4)刀具系统

数控车床包括刀架工位数、工具孔直径、刀杆尺寸、换刀时间、重复定位精度各项内容。加工中心刀库容量与换刀时间直接影响其生产率,换刀时间是指自动换刀系统,将主轴上的刀具与刀库刀具进行交换所需要的时间,换刀时间一般为5~20 s。

数控机床性能指标还有电机、冷却系统、机床外形尺寸、机床质量等。

5.数控车床的特点

与普通车床相比,数控车床具有下述特点。

(1)适应性强

由于数控机床能实现多个坐标的联动,所以数控机床能加工形状复杂的零件,特别是对于可用数学方程式和坐标点表示的零件,加工非常方便。更换加工零件时,数控机床只需更换零件加工的 NC 程序。

(2)加工质量稳定

对于同一批零件,由于使用同一机床和刀具及同一加工程序,刀具的运动轨迹完全相同即保证了零件加工的一致性好,且质量稳定。

(3)效率高

数控机床的主轴转速及进给范围比普通机床大。目前数控机床最高进给速度可达到 100 m/min 以上,最小分辨率可达 0.01 μm。一般来说,数控机床的生产能力约为普通机床的 3 倍,甚至更高。数控机床的时间利用率高达 90%,而普通机床仅为 30%~50%。

(4)精度高

数控机床有较高的加工精度,一般为 0.005~0.1 mm。数控机床的加工精度不受零件复杂程度的影响,机床传动链的反向齿轮间隙和丝杠的螺距误差等都可以通过数控装置自动进行补偿。因此,数控机床的定位精度比较高。

(5)减轻劳动强度

在输入程序并启动后,数控机床就自动地连续加工,直至完毕。即简化了工人的操作,使劳动强度大大降低。

数控车床的特点还包括能实现复杂的运动、产生良好的经济效益、利于生产管理现代化等特点。

【课后思考】

数控车床性能与加工之间有怎样的联系?

任务四 数控车床基本操作

【实训目标】

知识目标	1.熟记程序的录入方法 2.熟记对录入的程序进行修改的方法
技能目标	1.能进行程序的录入 2.能正确地对程序进行修改 3.能正确进行对刀操作
态度目标	遵守操作规程、养成文明操作、安全操作的良好习惯

【实训准备】

序　号	名　称	备　注
1	GSK980TD 数控车床	
2	GSK980TD 数控系统使用说明书	
3	GSK980TD 数控车床使用说明书	

一、 程序录入、修改

①写入新程序:“编辑”→“程序”→O# # # #(新程序名)→“EOB”。

②查找旧程序:“编辑”→“程序”→O# # # #(已有程序名)→“↓”。

③修改程序:“编辑”→“程序”→光标移至修改位置→通过“替换”“插入”“删除”进行修改。

二、主轴运转

切换到<录入方式>→按<程序>键并按<翻页>键翻页到<程序段>界面→M3(主轴正转)、按<输入>键→S500(500 r/min)、按<输入>键→按<运行>键。

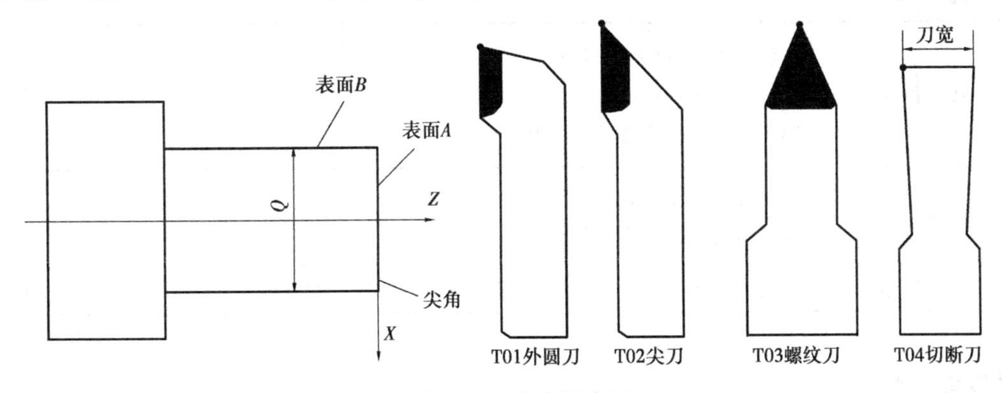

图 1.2　刀位点示意图

三、对刀

①先执行一次机械回零操作:单击机械回零“ ”键并单击轴运动键中的 X,Z 正方向键。

②在<录入方式>下,输入“T0100”,运行,使“T0100”为当前工作刀。

★对 1 号刀(基准刀):

a.Z 轴设定。手轮方式→车端面→刀具回退(只退 X 方向)→停主轴→录入方式→程序→翻页进入 MDI 面板→G50→输入→Z0→输入→运行。

b.X 轴设定。手轮方式→车外圆→刀具回退(只退 Z 方向)→停主轴→测量直径→录入方式→程序→翻页进入 MDI 面板→G50→输入→X 测量值→输入→运行。

★对 2、3、4 号刀:

对完基准刀后,分别将 2、3、4 号刀移动至工件尖角,找到对应刀补→X 测量值→输入→

Z0→输入。

对刀注意事项:

①对1号刀时,在录入方式下输入指令、数值后,记得要“运行”。

②加工时手轮倍率不宜过大,一般选择0.01。切深不宜过深,一般0.5~1 mm。

③对刀后不允许再模拟,建议录入程序后先模拟,程序模拟无误后再对刀。

四、加工

(1)加工前检查事项

①刀架停留位置是否安全,对刀完成后移动刀架至安全距离。

②机床是否被锁住。

③程序光标是否返回第一段,建议用“编辑方式”→“复位”。

(2)对完所有刀后

操作步骤:调出要加工的程序→编辑→复位→自动→运行。

任务五　数控车床操作基本技能训练

【实训目的】

知识目标	1.了解数控车削的安全操作规程 2.掌握数控车床的基本操作及步骤 3.熟悉机床操作面板的基本知识
技能目标	1.能熟练完成车床开机、关机 2.能正确使用数控系统基本功能
态度目标	遵守操作规程、养成文明操作、安全操作的良好习惯

【实训准备】

序　号	名　称	备　注
1	GSK980TD 数控车床	
2	GSK980TD 数控系统使用说明书	
3	GSK980TD 数控车床使用说明书	

活动一　数控系统面板

GSK980TD 系统操作面板可分4个区,即屏幕显示、数字字母编辑键、主功能键和软功能键,如图1.3所示。

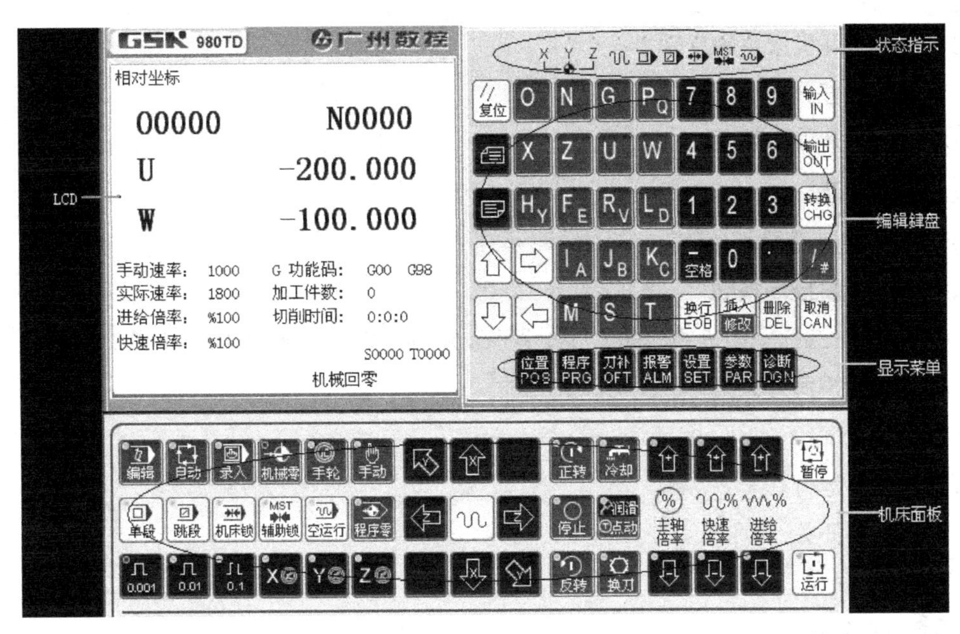

图1.3　GSK980TD 系统操作面板

1.6 个操作方式选择

方式选择操作：手按一下模式按键并使模式按键左上灯亮即可选择该方式。

①：编辑方式，此方式可进行加工程序的建立、删除和修改等操作。

②：自动方式，进入自动运行加工程序。

③：录入（MDI）方式，此方式可进行参数的输入以及指令段的输入和执行。

④：机械回零，回参考点操作方式，可分别执行经 X、Z 轴回机械零点操作。

⑤：手轮方式，手摇脉冲方式，CNC 按选定的增量进行移动。

⑥：手动方式，手动连续移动溜板箱或者刀具。

2.数控程序运行控制开关

①：单个程序段。

②：机床锁住。

③：辅助功能锁定。

④：程序回零。

⑤：空运行。

⑥：选择跳段加工。

⑦：手轮 X 轴选择键。

⑧：手轮 Z 轴选择键。

3.机床主轴手动控制开关

①：手动开机床主轴正转。

②：手动关机床主轴。

③ :手动开机床主轴反转。

4.辅助功能按钮

① :手动开关冷却液。

② :润滑液。

③ :手动换刀具。

5.手轮进给量控制按钮

:选择手动进给时每一步的距离,分别为0.001 mm、0.01 mm、0.1 mm。

6.程序运行控制开关

① :循环暂停。

② :循环运行。

7.系统控制开关

① :NC启动。

② :NC停止。

8.手动移动机床溜板箱或者刀具按钮

① :选择移动轴,正方向移动按钮为“ ”“ ”“ ”,负方向移动按钮为“ ”“ ”“ ”。

② :快速进给。

9.升降速按钮

:主轴升降速/快速进给升降速/进给升降速。

10.紧急停止按钮

:紧急停止按钮。

11.手轮

:手轮。

活动二　数控系统操作

1.手动返回参考点(机械回零)

①按机械回零方式键“ ”,选择回参考点操作方式,这时液晶屏幕右下角显示“机械回零”。

②先按下手动轴向运动开关“ ”不放手直到回参考点指示灯亮“ ”,此时坐标轴停止移动,再按下手动轴向运动开关“ ”不放手直到回参考点指示灯亮“ ”,此时坐标轴停止移动,即可完成回参考点操作。

③返回参考点后,返回参考点指示灯亮“X Y Z”。

2.手动连续进给

①按“手动”键进入手动操作方式,这时液晶屏幕右下角显示“手动方式”。在手动操作方式下可进行手动进给、主轴控制、倍率修调、换刀等操作。

②选择移动轴 。按住进给轴方向选择键中的“X”或“X”X 轴方向键可使 X 轴向负向或正向进给,松开按键时轴运动停止;按住“Z”或“”Z 轴方向键可使 Z 轴向负向或正向进给,松开按键时轴运动停止;进给倍率实时修调有效。

当进行手动进给时,按下“”键,使状态指示区的“”指示灯亮则进入手动快速移动状态。

机床沿着选择轴方向移动。

③调节手动(JOG)进给速度。在手动进给时,可按“”中的“”或“”修改手动进给倍率。

④快速进给。按住进给轴方向选择中的“”键直至状态指示区的快速移动指示灯亮,按下“X”或“”键可使 X 轴向负向或正向快速移动,松开按键时轴运动停止;按下“Z”或“”键可使 Z 轴向负向或正向快速移动,松开按键时轴运动停止;也可同时按住 X、Z 轴的方向选择键实现 2 个轴的同时移动,快速倍率实时修调有效。

当进行手动快速移动时,按下“”键,使指示灯熄灭,快速移动无效,以手动速度进给。

3.手轮进给

转动手摇脉冲发生器,可使机床微量进给。

①按下手轮方式键“手轮”,选择手轮操作方式,这时液晶屏幕右下角显示“手轮方式”。

②选择手轮运动轴:在手轮方式下,按下相应的键 “X⊘”“Z⊘”。

注:在手轮方式下,按键有效。所选手轮轴的地址“U”或“W”闪烁。

③选择移动量:按下增量选择移动增量,相应地在屏幕左下角显示移动增量。

④移动量选择开关 “0.001 0.01 0.1”。

⑤转动手轮“”,手轮进给方向由手轮旋转方向决定。一般情况下,手轮顺时针为正向进给,逆时针为负向进给。

4.录入(MDI)运转方式

从 LCD/MDI 面板上输入一个程序段的指令,并可以执行该程序段。

例:设当前刀尖点工件坐标为(X50.0 Z100.0)的位置,程序段为“G50 X50.0Z100.0”,操作步骤如下;

①按“录入”键进入录入操作方式。

②按“程序 PRG”键(必要时再按“”键或“”键)进入程序状态“程序段值”界面,如图 1.4

程序状态　O0008 N0000
程序段值　模态值
X　F 10
Z　G00　M 05
U　G97　S 0000
W　G98　T 0100
R
F
M　G21
S　SRPM 0099
T　SSPM 0000
P　SMAX 9999
Q　SMIN 0000
S 0000 T0100
录入方式

图 1.4　“程序段值”界面

所示。

③依次键入“G”“5”“0”及“输入”，界面显示如图 1.5 所示。

④依次键入地址键“Z”，数字键“1”“0”“0”及“输入”键。

⑤依次键入地址键“X”，数字键“5”“0”及“输入”键；执行完上述操作后界面显示如图 1.6 所示。

```
程序状态                              O0008 N0000
        程序段值               模态值
  G50  X                        F          10
       Z               G00      M          05
       U               G97      S        0000
       W               G98      T        0100
       R
       F
       M               G21
       S                        SRPM     0099
       T                        SSPM     0000
       P                        SMAX     9999
       Q                        SMIN     0000
                                S 0000 T0100
                             录入方式
```

图 1.5　键入值后界面

```
程序状态                              O0008 N0000
        程序段值               模态值
  G50  X   50.000               F          10
       Z  100.000      G00      M          05
       U               G97      S        0000
       W               G98      T        0100
       R
       F
       M               G21
       S                        SRPM     0099
       T                        SSPM     0000
       P                        SMAX     9999
       Q                        SMIN     0000
                                S 0000 T0100
                             录入方式
```

图 1.6　键入地址键后界面

⑥指令字输入后，按“循环启动”键执行 MDI 指令字。运行过程中可按“暂停”键“//”键以及急停按钮使 MDI 指令字停止运行。

5.自动运转的启动

①首先把程序存入存储器中(方法查看编辑方式)。

②选择自动方式。

③选择要运行的程序。

④选择编辑或自动操作方式。

⑤按“程序 PRG”键，并进入程序内容显示画面。

⑥按地址键“O”，键入程序号。

⑦按“⇩”或“换行 EOB”键，在显示画面上显示检索到的程序，若程序不存在，CNC 出现报警。

⑧按运行启动按钮。

a.运行：自动运行启动键。

b.暂停：自动运行暂停键 。

按自动运行启动按钮后，开始执行程序。

6.试运行

(1)全轴机床锁住

在自动操作方式下，机床锁住开关“机床锁”为开时，机床拖板不移动，位置界面下的综合坐标页面中的“机床坐标”不改变，相对坐标、绝对坐标和余移动量显示不断刷新，与机床锁住开关处于关闭状态时一样；并且 M、S、T 都能执行。机床锁住运行常与辅助功能下锁住功能一起用于程序校验。

开关打开方法：按“机床锁”键使状态指示区中机床锁住运行指示灯“MST”亮，表示进入机床锁住状态。

(2)辅助功能锁住

如果机床操作面板上的辅助功能锁住开关“　”置于开的位置，M、S、T代码指令不执行，与机床锁住功能一起用于程序校验。

7.单程序段

首次执行程序时，为防止编程错误出现意外，可选择单段运行。

在自动操作方式下，单段程序开关打开的方法如下：

按“　”键使状态指示区中的单段运行指示灯“　”亮，表示选择单段运行功能。

单段运行时，执行完当前程序段后，CNC停止运行；继续执行下一个程序段时，需再次按“　”键，如此反复直至程序运行完毕。

8.程序的建立

(1)程序段号的生成

程序中可编入程序段号，也可不编入程序段号，程序是按程序段编入的先后顺序执行的(调用时例外)。

当开关设置页面“自动序号”开关处于“关”状态时，CNC不自动生成程序段号，但在编程时可以手动编入程序段号。

当开关设置页面“自动序号”开关处于“开”状态时，CNC自动生成程序段号，编辑时，按键自动生成下一程序段的程序段号，如图1.7所示。

(2)程序内容的输入

①按“　”键进入编辑操作方式。

②按“　”键进入程序界面，按“　”或“　”键选择程序内容显示页面，如图1.8所示。

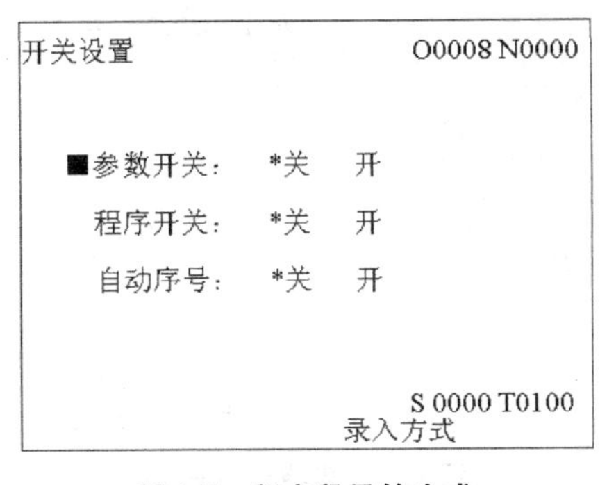

图1.7　程序段号的生成

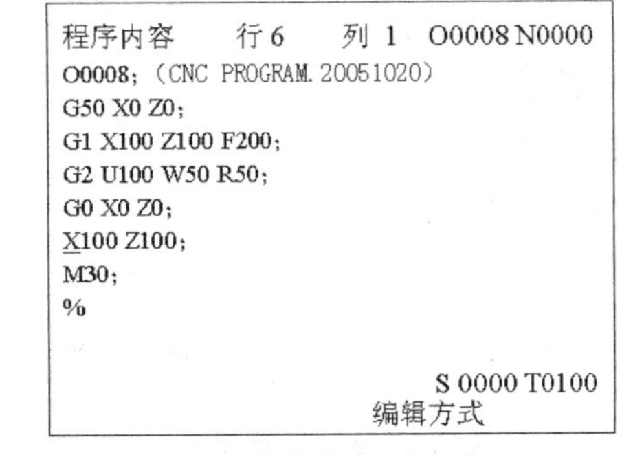

图1.8　程序内容的输入

③依次键入地址键“O”、数字键“0”“0”“0”“1”(以建立O0001程序为例)。

④按键“　”，建立新程序O0001。

⑤按照编制好的零件程序逐个输入，每输入一个字符，在屏幕上立即给予显示输入的字符(复合键的处理是反复按此复合键，实现交替输入)，一个程序段输入完毕，按键结束。

⑥按步骤⑤的方法可完成程序的其他程序段输入。

9.字符的检索

①描法:光标逐个字符扫描。按“编辑”键进入编辑操作方式,按“程序PRG”键选择程序内容显示页面。

a.按“⇧”键,光标上移一行;若当前光标所在的列数大于上一行总的列数,按键后,光标移到上一程序段段尾(“;”号上)。

b.按“⇩”键,光标下移一行,光标上移一行;若当前光标所在的列数大于下一行总的列数,按键后,光标移到下一行末尾(“;”号上)。

c.按“⇨”键,光标右移一列;若光标在行末,光标则移到下一程序段段首。

d.按“⇦”键,光标左移一列;若光标在行首,光标移到下一程序段段尾。

e.按“ ”键,向上翻页,光标移至上一页第一行第一列;若向上翻页到程序内容首页,则光标移至第二行第一列。

f.按“ ”键,向下翻页,光标移至下一页第一行第一列;若已是程序内容最后一页,则光标移至程序最后一行的第一列。

②查找法:从光标当前位置开始,向上或向下查找指定的字符。

a.按“编辑”键选择编辑操作方式。

b.按“程序PRG”键显示程序内容页面。

c.按“转换CHG”键进入查找状态,并输入欲查找的字符,最多可输入10位,超过10位后新输入的字覆盖原来的第10位。如将光标移至G2处,显示界面如图1.9所示。

d.按“⇧”键(根据欲查找字符与当前光标所在字符的位置关系确定按“⇧”键还是“⇩”键),显示界面如图1.10所示。

```
程序内容      行6    列 1   O0008 N0000
O0008;(CNC PROGRAM.20051020)
G50 X0 Z0;
G1 X100 Z100 F200;
G2 U100 W50 R50;
G0 X0 Z0;
X100 Z100;
M30;
%

 查找 G2                    S 0000 T0100
                    编辑方式
```

图1.9 查找法界面1

```
程序内容      行4    列 1   O0008 N0000
O0008;(CNC PROGRAM.20051020)
G50 X0 Z0;
G1 X100 Z100 F200;
G2 U100 W50 R50;
G0 X0 Z0;
X100 Z100;
M30;
%

查找 G2                     S 0000 T0100
                    编辑方式
```

图1.10 查找法界面2

e.查找完毕,CNC仍然处于查找状态,再次按“⇧”键或“⇩”键,可以查找下一位置的字符,也可按“转换CHG”键退出查找状态。

f.如未查找到,则出现“检索失败”提示。

注:在字符检索中,不检索被调用的子程序中的字符。

③回程序开头的方法

a.在编辑操作方式、程序显示页面中,按“复位”键,光标回到程序开头。

b.按本篇所述的方法检索程序的开头字符。

④字符的插入

a.选择编辑操作方式,程序内容显示页面。

b.将光标移到要插入字符的位置,直接在前插入,其界面如图1.11所示。

c.输入插入的字符(如图1.10所示页面,G2前插入G98指令,输入“G”“9”“8”“空格”),显示如图1.12所示。

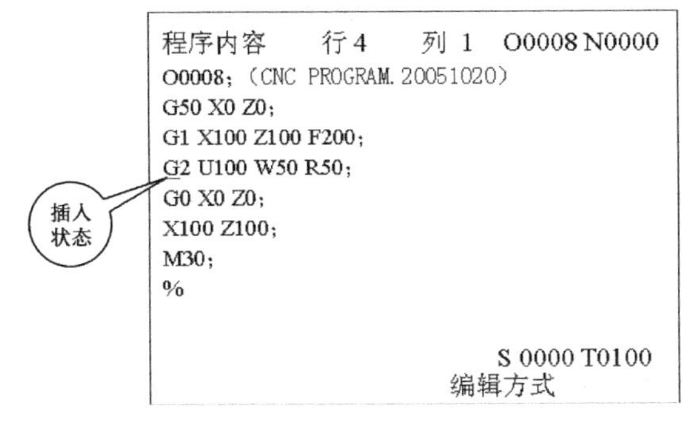

图1.11 字符插入界面

图1.12 输入插入字符后的界面

⑤字符的删除

字符删除的操作方法步骤如下:

a.选择编辑操作方式,程序内容显示页面。

b.按“取消 CAN”键删除光标处的前一字符;按“删除 DEL”键删除光标所在处的字符。

⑥字符的修改

a.插入修改法:先删除修改的字符,然后插入要修改的字符。

b.直接修改法:

- 选择编辑操作方式,程序内容显示页面。
- 按“插入 修改”键进入修改状态(光标为一矩形反显框),界面如图1.13所示。
- 输入修改后的字符(如图1.12所示页面,将U100修改成U898,输入“U”“8”“9”“8”),显示页面如图1.14所示。

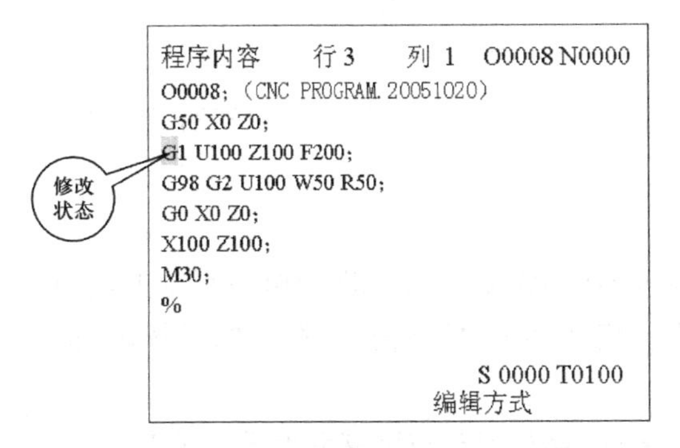

图1.13 字符修改界面

图1.14 输入修改字符后界面

10.程序的删除

(1) 单个程序的删除

操作步骤如下:

①选择编辑操作方式,进入程序显示页面。

②依次键入地址键"O",数字键"0""0""0""1"(以 O0001 程序为例)。

③按"删除 DEL"键,O0001 程序被删除。

(2) 全部程序的删除

操作步骤如下:

①选择编辑操作方式,进入程序显示页面。

②依次键入地址键"O",符号键"- 空格",数字键"9""9""9"。

③按"删除 DEL"键, 全部程序被删除。

11.程序的选择

当 CNC 中已存有多个程序时,可以通过检索法选择程序。

①选择编辑或自动操作方式。

②按"程序 PRG"键, 并进入程序内容显示画面。

③按地址键"O",键入程序号××××。

④按"⇩"或"换行 EOB"键,在显示画面上显示检索到的程序,若程序不存在,CNC 出现报警。

活动三　加工执行

一、加工执行

①学生进入车间,观察设备。

②指导教师介绍 GSK980TD 数控系统的面板及功能按钮。

③由指导教师演示开关机、回零、主轴正反停转、轴向移动、倍率修调、刀位转换功能。

④学生练习手动基本操作。

⑤学生填写实训报告。

二、实训操作注意事项

①在学生实训前,指导教师注意检查各限位开关是否正常,限位块位置是否合理,避免刀架与卡盘发生碰撞或脱位。

②禁止多人同时操作一台机床。

③必须要求学生在开机前检查急停按钮是否处于关闭状态,按机床上电→系统上电→打开急停按钮→机床回零的顺序开机;关机时首先将机床回零、按下急停键,再断系统电,最后关闭机床电源。

④机床回零时要求学生先将 X 向回零,再回 Z 向,避免刀台与尾座发生干涉碰撞。

⑤主轴开启时要求必须关闭防护门,要求学生养成良好的安全防范意识;主轴正反转转换时必须在停转后再做转换操作。

活动四　任务评价

【任务评价表】

课题	数控系统面板	零件编号		学生姓名		班级	
检查项目		序号	检查内容	配分	自评分	小组评分	教师评分
基本检查	基本要求	1	设备操作、维护保养正确	10			
		2	工件找正、安装正确、规范	10			
		3	刀具选择、安装正确、规范	10			
		4	安全文明生产	10			
		5	行为规范、遵守纪律	10			
零件质量	数控系统功能操作	6	数控程序运行控制开关	5			
		7	机床主轴手动控制开关	5			
		8	辅助功能按钮	5			
		9	手轮进给量控制按钮	5			
		10	程序运行控制开关	5			
		11	系统控制开关	5			
		12	手动移动机床溜板箱或者刀具按钮	5			
		13	升降速按钮	5			
		14	紧急停止按钮	5			
		15	手轮操作	5			
总　分							
综合评价							

【课后思考】

(1)熟记 GSK980TD 数控系统的面板。

(2)数控机床应按怎样的操作顺序开关机?

(3)机床“回零”的主要作用是什么?

项目 2

轴类零件编程与加工

任务一　数控车编程基础知识

【实训目标】

知识目标	知道数控车编程的基本知识
技能目标	能正确进行程序的分析
态度目标	培养学生细心、严谨的学习习惯

【实训准备】

序　号	名　称	规　格	数　量	备　注
1	数控车床			
2	数控系统	GSK980TDc		

活动一　学习数控车的工作原理和工作过程

一、数控车床的工作原理

数控车床的工作原理如图 2.1 所示。

根据零件图样，进行工艺分析，确定工艺方案，依据数控系统的规定指令，编制零件的加工程序。视零件结构的复杂程度，可以采用手工或计算机自动编程，并将程序输入车床的控制系统中。进入数控装置的信息，经过一系列处理和运算转变成脉冲信号。有的信号输送到车床的伺服系统，通过伺服机构处理，传到驱动装置（主轴电机、步进或交、直流伺服电机），使刀具和工件严格执行零件加工程序规定的运动；有的信号送到可编程控制器，用以控制车床的其他辅助运动，如主轴和进给运动的变速、液压或气动装夹工件、冷却液开关等。

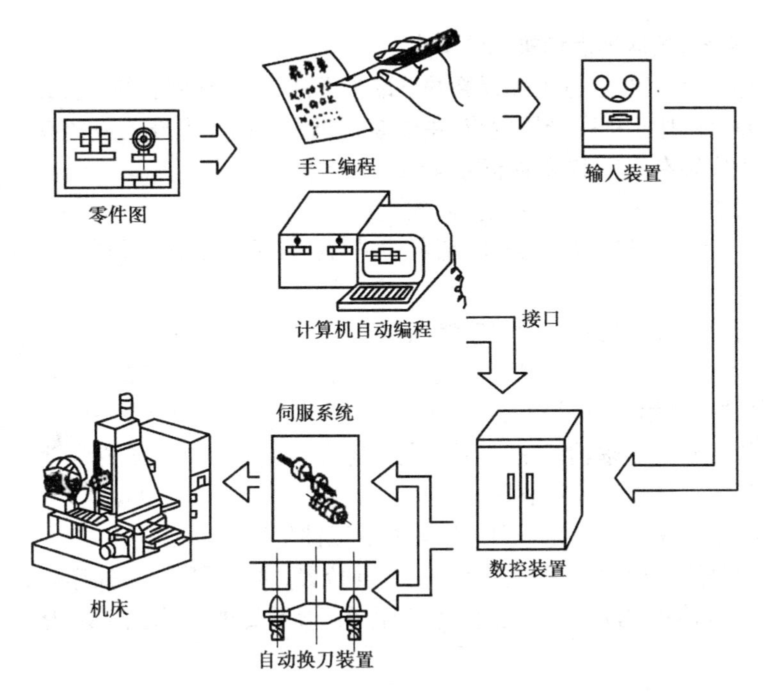

图 2.1　数控车床的工作原理

二、数控车床的工作过程

数控车床的工作过程如图 2.2 所示。

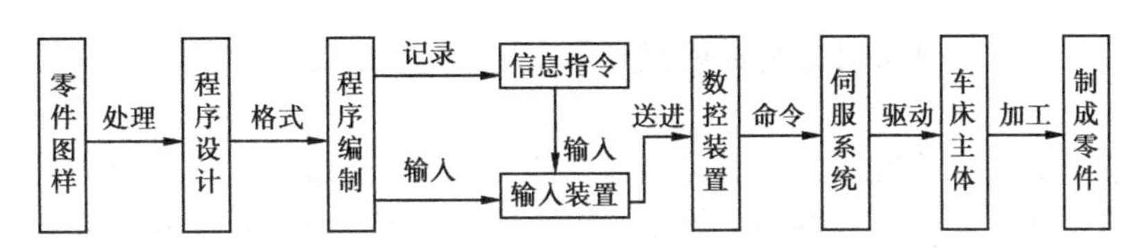

图 2.2　数控车床的工作过程

①首先根据零件图给出的形状、尺寸、材料及技术要求等内容,进行各项准备工作(包括程序的设计、数值计算及工艺处理等)。

②将上述程序和数据按数控装置所规定的程序格式编制出加工程序。

③将加工程序的内容输送给数控装置。

④数控装置将接收的信号进行一系列处理后,再将处理结果以脉冲信号形式向伺服系统发出执行的命令。

⑤伺服系统接到执行的信息指令后,立即驱动车床进给机构严格按照指令的要求进行位移,使车床自动完成相应零件的加工。

活动二　学习数控车的坐标系

一、坐标轴

数控车床使用 X 轴、Z 轴组成的直角坐标系,X 轴与主轴轴线垂直,Z 轴与主轴轴线平行,接近工件的方向为负方向,离开工件的方向为正方向。

二、机床坐标系、机床零点和机床参考点

①机床坐标系是 CNC 进行坐标计算的基准坐标系，是机床固有的坐标系。

②机床零点是机床上的一个固定点，由安装在机床上的零点开关或回零开关决定。通常情况下回零开关安装在 *X* 轴和 *Z* 轴正方向的最大行程处。

③机床参考点是机床零点偏移数据参数设置值后的位置。

注：如果车床上没有安装零点开关，请不要进行机床回零操作，否则可能导致运动超出行程限制、机械损坏。

三、工件坐标系、局部坐标系和程序零点

①工件坐标系是按零件图纸设定的直角坐标系，又称为浮动坐标系，当零件装夹到机床上后，根据工件的尺寸用 G50 设置刀具当前位置的绝对坐标，在 CNC 中建立工件坐标系。通常工件坐标系的 *Z* 轴与主轴轴线重合，*X* 轴位于零点首端或尾端。工件坐标系一旦建立便一直有效直到被新的工件坐标系所取代。

②局部坐标系是在工件坐标系中再创建的子工件坐标系。

③程序零点是用 G50 设定工件坐标系的当前位置，执行程序回零操作后就回到此位置。

注：在上电后如果没有用 G50 设定工件坐标系，请不要执行程序回零的操作，否则会产生报警。

四、绝对坐标与增量坐标

在编程时，表示刀具(或机床)运动位置的坐标值通常有两种方式，一种是绝对尺寸；另一种是增量(相对)尺寸。刀具(或机床)运动位置的坐标值是相对于固定的坐标原点给出的，称其为绝对坐标，如图 2.3 所示。

A、*B*、*C* 点坐标均是以固定的坐标原点计算的，其坐标值为 *A* 点(*X*15,*Z*10)、*B* 点(*X*26,*Z*25)、*C* 点(*X*40,*Z*18)。

刀具(或机床)运动位置的坐标值是相对于前一位置(或起点)，而不是相对于固定的坐标原点给出的，即称为增量(或相对)坐标。常使用第二坐标 *U*、*W* 表示增量坐标，如图 2.4 所示。

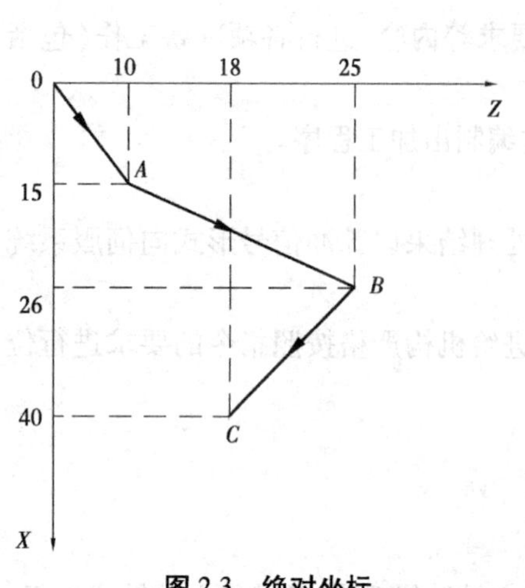

图 2.3　绝对坐标

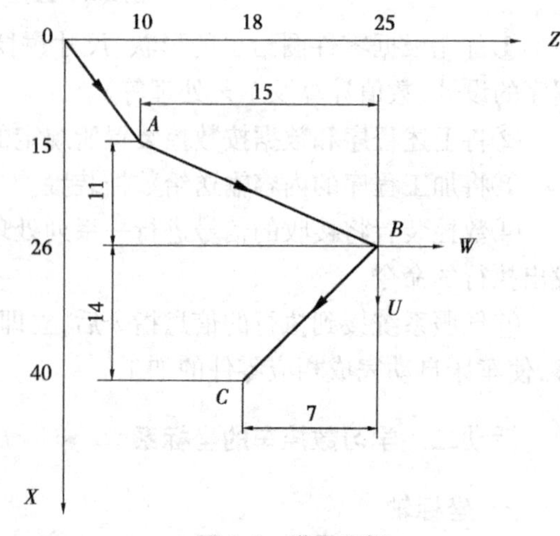

图 2.4　增量坐标

A、*B*、*C* 点坐标值若是以增量坐标值给定时，则 *A* 点(*U*15,*W*10)、*B* 点(*U*11,*W*15)、*C* 点(*U*14,*W*-7)。

活动三　学习数控车编程程序代码

一、M 代码(辅助功能)

M 代码由代码地址 M 和其后的 1~2 位数字或 4 位数字组成,用于控制程序执行的流程或输出 M 代码到 PLC,常用 M 代码见表 2.1。

表 2.1　常用 M 代码表

代　码	功　能	备　注
M00	程序暂停	
M01	程序选择停	
M02	程序运行结束	
M03	主轴顺时针转	功能互锁,状态保持
M04	主轴逆时针转	
M05	主轴停此	
M08	冷却液开	功能互锁,状态保持
M09	冷却液关	
M10	尾座进	功能互锁,状态保持
M11	尾座退	
M12	卡盘夹紧	功能互锁,状态保持
M13	卡盘松开	
M14	主轴位置控制	功能互锁,状态保持
M15	主轴速度控制	
M20	主轴夹紧	功能互锁,状态保持
M21	主轴松开	
M24	第二主轴位置控制	功能互锁,状态保持
M25	第二主轴速度控制	
M30	程序运行结束,光标返回程序开头	
M32	润滑开	功能互锁,状态保持
M33	润滑关	
M41	主轴自动换挡	功能互锁,状态保持
M42		
M43		
M44		

续表

代 码	功 能	备 注
M50	取消主轴定向	功能互锁,状态保持
M51	主轴定向第1点	
M52	主轴定向第2点	
M53	主轴定向第3点	
M54	主轴定向第4点	
M55	主轴定向第5点	
M56	主轴定向第6点	
M57	主轴定向第7点	
M58	主轴定向第8点	
M63	第二主轴顺时针转	功能互锁,状态保持
M64	第二主轴逆时针转	
M65	第二主轴停	
M98	子程序调用	
M99	子程序结束,并返回主程序	
M9000~9999	调用宏程序	

二、G代码(准备功能)

G代码由代码地址G和其后的多位代码值组成,用来规定刀具相对工件的运动方式,进行坐标设定等多种操作。

G代码字分为00、01、02、03、06、07、12、14、16、21组。除01与00组代码不能共段外,同一程序段中可以输入几个不同组的G代码字,如果在同一个程序段中输入了两个或两个以上的同组G代码字时,最后一个G代码字有效。

初态指令是指开机后或运行加工程序之前的系统指令;模态指令是指在相应的程序段中一经指定后,后面的一直有效,直到后面程序段指令了新的功能;非模态指令是指该功能只在它指令的程序段中起作用。

常用G代码见表2.2。

表2.2 常用G代码表

G代码	组 别	功 能	备 注
G00	01	定位(快速移动)	初态G代码
G01		直线插补(切削进给)	模态G代码
G02		顺时针圆弧插补	
G03		逆时针圆弧插补	

续表

G代码	组　别	功　能	备　注
G04	00	暂停	非模态G代码
G28		返回参考点	
G32	01	螺纹切削	模态G代码
G50	00	工件坐标系设定	非模态G代码
G70	00	精加工循环	
G71		内、外圆粗车循环	
G72		端面粗车循环	
G73		封闭切削循环	
G74		深孔加工循环	
G75		内、外槽切削循环	
G90	01	内、外圆切削循环	模态G代码
G92		螺纹切削循环	
G94		端面切削循环	
G96	02	恒线速开	模态G代码
G97		恒线速关	初态G代码
G98	03	每分进给	初态G代码
G99		每转进给	模态G代码

三、T代码(刀具功能)

刀具功能(T代码)具有两个作用:自动换刀和执行刀具偏置。自动换刀的控制逻辑由PLC程序处理,刀具偏置的执行由NC处理。用地址T及其后面4位数字来选择刀具(前两位数)及刀具补偿号(后两位数),在一个程序段中只可以指令一个T代码。当移动指令和T代码在同一程序段中时,移动指令和T代码同时执行。

代码格式:

例如T0101:前面01表示目标刀具号;后面01表示刀具偏置号。

四、F代码(进给功能)

用指定的速度使刀具运动称为进给;由F代码及后接参数给定;分为每分进给和每转进给。

代码格式:

例如F100:其中100表示进给速度。

五、S代码(主轴功能)

与普通车床一样,数控车床的切削速度也是由主轴转速来控制;主轴功能由S代码及后接参数给定。

代码格式:

例如S800:其中800表示主轴转速。

活动四　学习数控车编程方法和程序基本结构

数控编程是实现零件数控加工的关键环节,它包括从零件分析到获得数控加工程序的全过程。

一、数控编程的内容

(1)分析零件图,制订加工工艺方案

根据零件图样,对零件的形状、尺寸、材料、精度和热处理要求等进行工艺分析,合理选择加工方案,确定工件的加工工艺路线、工序及切削用量等工艺参数,确定所用机床、刀具和夹具。

(2)数学处理

根据零件的几何尺寸,工艺要求及编程的方便,设定坐标系,计算工件粗精加工的轮廓轨迹,获得刀位数据等。

(3)编写零件加工程序

根据制订的加工工艺路线、切削用量、刀具补偿量、辅助动作及刀具运动轨迹等条件,按照机床数控系统规定的功能指令代码及程序格式,逐段编写加工程序。

二、数控编程方法

(1)手工编程

手工编程是指数控编程内容的工作全部由人工完成。对形状较简单的工件,其计算量小,程序短,手工编程快捷、简便。对形状复杂的工件采用手工编程有一定的难度,有时甚至无法实现。一般来说,由直线和圆弧组成的工件轮廓采用手工编程;由非圆曲线、列表曲线组成的轮廓采用自动编程。

(2)自动编程

自动编程是利用计算机专用软件完成数控机床程序的编制工作。编程人员只需根据零件图样的要求,使用数控语言,由计算机进行数值计算和工艺参数处理,自动生成加工程序,再通过通信方式传入数控机床。

三、程序的基本结构

加工程序可分为主程序和子程序,但不论是主程序还是子程序,每个程序都是由程序名、程序内容和程序结束3部分组成。

(1)程序名

程序名位于程序的开头,由大写字母O及其后的4位数字构成。如果输入数字不够4位,系统会自动在其前面加0补足4位。每个程序都有唯一的程序名(程序名不允许重复)。

(2)程序内容

程序内容由若干条程序段构成。每条程序段是由程序段号(如N10、N20可以省略)开始,以“;”结束的若干个代码字构成。代码字由一个英文字母(代码地址)和其后的数值(代码值)构成。

(3)程序结束

程序的结束中要加入取消刀补段时(T0100),要注意系统参数的设定,对应地修改程序。

程序的基本结构示例见表 2.3。

表 2.3　程序的基本结构

程　序	说　明
O0001;	程序名
N10 G00 X100 Z100;	程序内容
N20 T0101;	
· · ·	
· · ·	
· · ·	
N100 M30;	程序结束
%	程序结束符

活动五　任务评价

任务评价表见表 2.4。

表 2.4　任务评价表

<table>
<tr><td>课题</td><td colspan="3">数控车编程基础知识</td><td>学生姓名</td><td></td><td>班级</td><td></td></tr>
<tr><td colspan="2">检查项目</td><td>序号</td><td>检查内容</td><td>配分</td><td>自评分</td><td>小组评分</td><td>教师评分</td></tr>
<tr><td rowspan="6">基本检查</td><td rowspan="5">编程</td><td>1</td><td>了解数控车的工作原理</td><td>10</td><td></td><td></td><td></td></tr>
<tr><td>2</td><td>了解数控车的工作过程</td><td>10</td><td></td><td></td><td></td></tr>
<tr><td>3</td><td>能识记常用的指令</td><td>10</td><td></td><td></td><td></td></tr>
<tr><td>4</td><td>知道程序的基本结构</td><td>10</td><td></td><td></td><td></td></tr>
<tr><td>5</td><td>能正确进行程序的分析</td><td>50</td><td></td><td></td><td></td></tr>
<tr><td>工作态度</td><td>6</td><td>行为规范、遵守纪律</td><td>10</td><td></td><td></td><td></td></tr>
<tr><td colspan="5">总分</td><td></td><td></td><td></td></tr>
<tr><td colspan="5">综合评价</td><td colspan="3"></td></tr>
</table>

任务二　光轴加工

【实训目标】

知识目标	1.能识记光轴零件图 2.知道光轴的程序编写 3.知道光轴的检测
技能目标	1.能看懂光轴零件图 2.能正确运用 G00、G01 指令编写程序 3.能正确进行对刀操作 4.能正确检测光轴的精度
态度目标	遵守操作规程、养成文明操作、安全操作的良好习惯

【实训准备】

序　号	名　称	规　格	数　量	备　注
1	千分尺	0~25 mm	1	
2	千分尺	25~50 mm	1	
3	游标卡尺	0~150 mm	1	
4	钢直尺	0~150 mm	1	
5	刀具	端面车刀	1	
		外圆车刀(偏刀)	1	
6	其他辅具	1.刀台扳手、卡盘扳手		
		2.垫刀片若干		
7	材料	45 钢(棒料)ϕ45×83		
8	数控车床			
9	数控系统	GSK980TDc		

活动一　加工任务

光轴加工任务见表 2.5。

表 2.5　光轴加工任务表

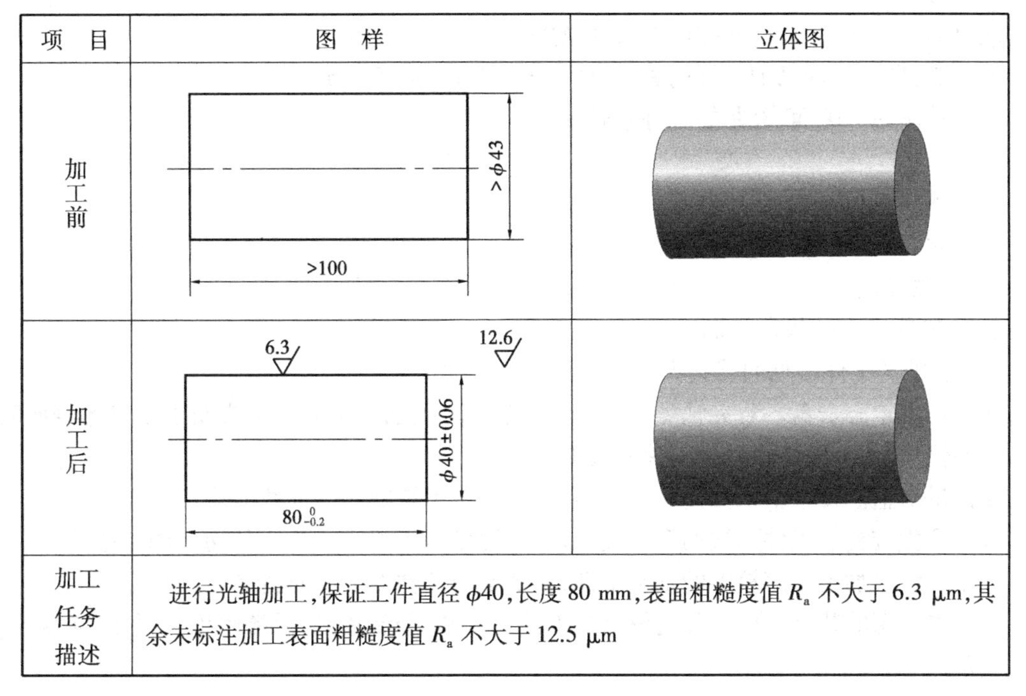

项　目	图　样	立体图
加工前		
加工后		
加工任务描述	进行光轴加工，保证工件直径 $\phi40$，长度 80 mm，表面粗糙度值 R_a 不大于 6.3 μm，其余未标注加工表面粗糙度值 R_a 不大于 12.5 μm	

活动二　加工任务分析

光轴加工任务分析见表 2.6。

表 2.6　光轴加工任务分析

加工结构	尺寸标注	尺寸精度(尺寸范围)	表面粗糙度	备　注
端面(左右)	无	无	R_a 不大于 12.5 μm	
外圆	$\phi40$	$\phi39.95$~$\phi40.05$	R_a 不大于 6.3 μm	
零件总长	80	80.0~80.20	无	

活动三　加工工艺与程序编制

一、确定加工方案及加工工艺路线

(一)加工方案的确定

零件加工后直径为 $\phi40$，长度约为 80 mm，工件毛坯 $\phi45\times83$，可直接采用三爪卡盘装夹工件，先夹一端，用端面车刀手动车端面，自动车外圆，然后调头装夹，用端面车刀手动车另一端面，自动车外圆。由于表面质量较高，粗车、精车应分开进行，粗加工单边加工量可选1.5 mm，单边可留 0.5 mm 左右精车余量。

(二)加工工艺路线

①夹持零件毛坯,伸出卡盘长度约45 mm,找正并夹紧。

②手动车端面。

③对刀。

④自动加工零件一端,并控制好尺寸精度。

⑤调头,夹持零件已加工好的表面,伸出卡盘长度约45 mm。

⑥手动车另一端面,控制好零件总长度。

⑦对刀。

⑧自动加工另一端,并控制好尺寸精度。

⑨检测。

二、相关知识

(一)工件装夹的基本知识

1.对于轴类工件常见的装夹方式

①三爪自定心卡盘。装夹轴类工件,有自定心作用,通用夹具。装夹精加工过的表面时,应包一层铜皮,主要用于短轴类工件的装夹。

②四爪卡盘。每个卡爪独立运动,主要用于装夹不规则的短轴类工件。

③两顶尖装夹。工件两端用两顶尖来顶住,用拨盘和鸡心夹头来传递运动和扭矩。主要用于长度较大或加工工序较多的轴类工件,特别是细长轴类工件的装夹。

④一夹一顶的装夹。用于装夹较重的工件,前端用卡盘装夹,后端用顶尖顶住,卡盘内有限位支承。

2.轴类工件装夹的注意事项

①工件伸出长度不能太长,满足加工要求即可(平端面时应尽量短)。

②工件轴线与主轴轴线同轴,以保证工件的回转精度。

③工件必须装夹牢固,可用加力杆辅助加力。

(二)刀具基本知识

1.车削轴类零件常用刀具

车削轴类零件常用刀具是外圆车刀,常见有90°车刀、45°车刀、75°车刀3种。

①90°车刀又称偏刀,主偏角为90°,分为右偏刀和左偏刀,作用于工件的径向切削力较小,用来加工外圆、阶台和端面。

②45°车刀又称弯头车刀,主偏角为45°,分为左右两种,刀头强度好,耐用,主要用于左,右,内,外倒角及端面的车削,也可进行车外圆。

③75°车刀刀尖强度好,是强度最好的车刀,粗车轴类工件的外圆、车余量较大的铸件和锻件。

2.车刀安装注意事项

①车刀在刀架上安装的刀号与程序中的刀号要一致。

②车刀伸出部分不宜太长,伸出量一般为刀杆的1~1.5倍。

③车刀刀尖一般应与工件轴线等高。

④车刀垫铁要平整,数量要少,垫铁应与刀架对齐。

(三)编程基本知识

(1)快速定位 G00

格式:G00　X(U)Z(W)。

功能:X 轴、Z 轴同时从起点以各自的快速移动速度移动到终点。两轴以各自独立的速度移动,短轴先到达终点,长轴独立移动剩下的距离,其合成轨迹不一定是直线。

运动轨迹如图 2.5 所示。

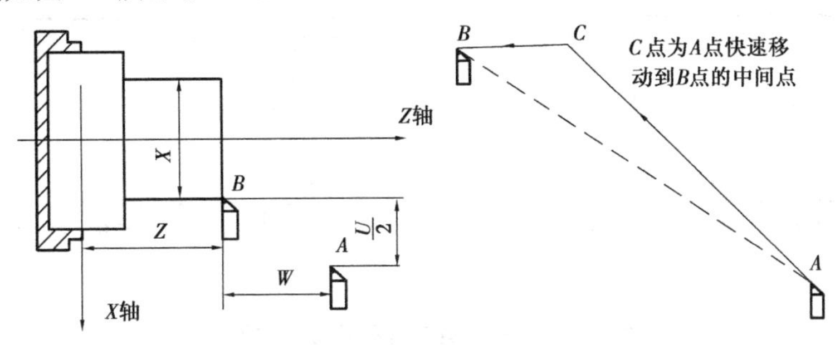

图 2.5　快速定位 G00 运动轨迹

说明:

①G00 的快速移动速度由机床参数对各轴分别设定,不能用 F 规定。

②G00 一般用于加工前刀具快速定位和加工后快速退刀。快速移动速度可由面板上的快速修调按键修正。

③在执行 G00 指令前,操作者必须将刀具移动到安全位置。

(2)直线插补 G01

格式:G01 X(U)Z(W)F。

功能:运动轨迹为从起点到终点的一条直线,G01 为模态 G 代码。

运动轨迹如图 2.6 所示。

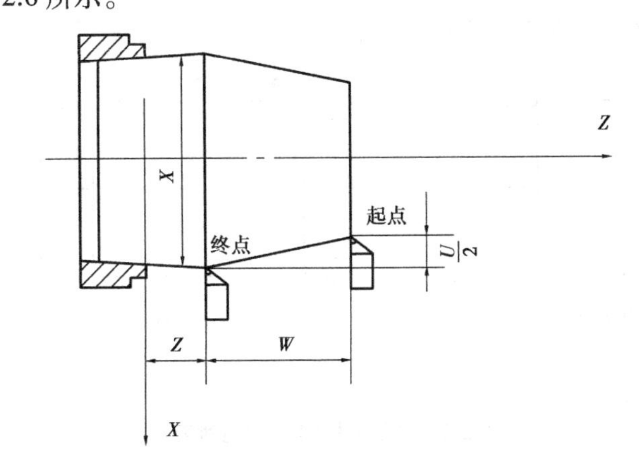

图 2.6　直线插补 G01 运动轨迹

说明:

①G01 是指令刀具以联动的方式按 F 规定的合成进给速度,从当前位置按直线路径移动到程序段指令的终点。

②G01 一般用于工进或切削,进给速度可由面板上的进给修调按键修正。

(四)对刀基本知识

对刀步骤：

选择90°外圆车刀(T0101)

(1)采用试碰方法对 Z 方向

采用试碰方法对 Z 方向，如图2.7所示。

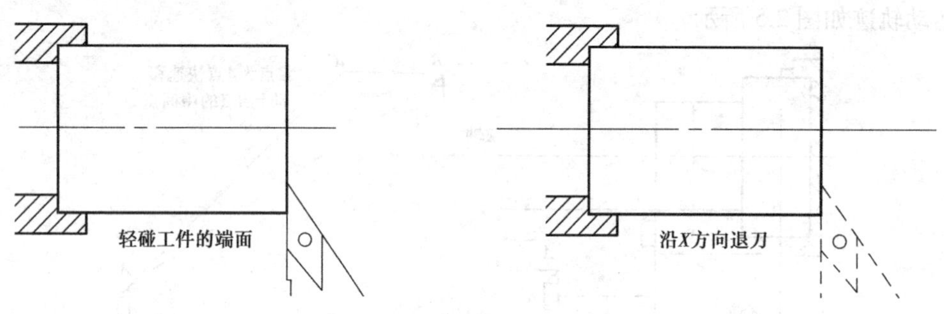

图2.7 采用试碰方法对 Z 方向对刀

启动主轴正转，用手轮方式，把“位置”显示翻到相对坐标页面。注意屏幕提示，此时看清是 U 还是 W 在闪动。进给是0.1 mm、0.01 mm、0.001 mm中的哪一个。

①刀尖靠近工件端面先用0.1 mm，然后是0.01 mm，看到几乎接触到时选择0.001 mm。要耐心操作，判断是否正确可采取听声音或看是否出丝的方法，头要靠近。

②选择0.1 mm，X 正向退出。

③录入程序段页面：键入地址键“G”、数字键“5”“0”键→按输入键“输入 IN”→按键“Z”、数字键“0”→按输入键“输入 IN”→检查G50是否输入，判断无误后再按循环启动键“运行”运行→检查在位置页面，绝对坐标显示Z应该为0，否则应重新对刀。

(2)采用试切对 X 方向

采用试切对 X 方向，如图2.8所示。

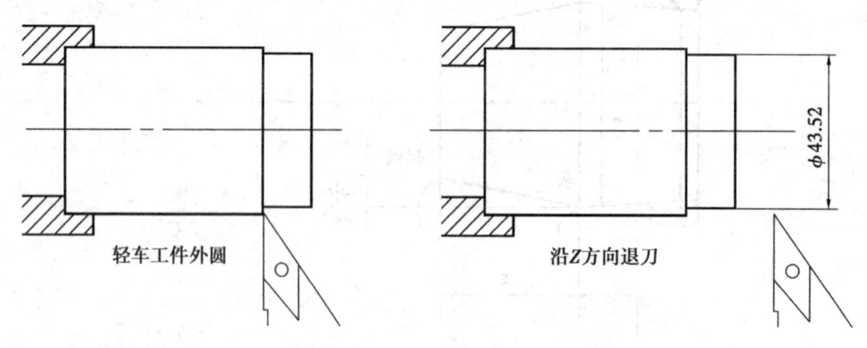

图2.8 采用试切对 X 方向对刀

主轴正转，用手轮方式0.01 mm挡车工件外圆一小段，注意粗糙度要小。

①选择0.1 mm，Z 正向退出，停主轴。

②测量试切直径，先用游标卡尺，再用千分尺，双保险且作为判断千分尺的0.5刻线。

③录入程序段：键入地址键“G”、数字键“5”“0”键→按输入键“输入 IN”→按键“X”、数字键(测量值，注意要输入小数点)→按输入键“输入 IN”→判断无误后再按循环启动键

“循环启动”运行→检查位置页面，绝对坐标显示 X 应为输入的测量值，否则应重新对刀。

上述方法只适合一把刀，因系统只认最后一次 G50 所对的那把刀，故主要用于基准刀对刀，其他刀按下列方法对刀。

(3)多把刀常用的对刀方法(如刀号为 T02)

①Z 向对刀：用手轮方式，T02 轻碰端面，然后 X 向退刀，(避免长时间接触)按刀补键“刀补 OFT”→按翻页键“ ”→100~109 页面下→光标移到 102(2 号刀)位置→输入 Z0。

②X 向对刀：T02 试车外圆→停车测量试切直径→刀补键“刀补 OFT”→102 位置→输入 X 值。

注：对刀结束后应把刀移至安全位置，即离工件稍远点。

三、零件加工参考程序

零件加工程序见表 2.7。

表 2.7　零件加工参考程序

加工程序	程序说明
O0001	零件程序名
G00 X100 Z100;	快速定位到安全换刀点
M12;	夹紧卡盘
M03 S800;	主轴正转，转速 800
M08;	开冷却液
T0101;	选定 01 号刀
G00 X43 Z2;	快速移动到第一刀切削点，并定位
G01 X43 Z-41 F100;	车 ϕ43 外圆，长度 41，进给速度 F=100/min
G00 X45 Z2;	快速退刀
G00 X41 Z2;	快速移动到第二刀切削点，并定位
G01 X41 Z-41 F100;	车 ϕ41 外圆，长度 41，进给速度 F=100/min
X43 Z2;	快速退刀
X40 Z2;	快速移动到第三刀切削点，并定位
X40 Z-41 F100;	车 ϕ40 外圆，长度 41，进给速度 F=100/min
G00 X100 Z100;	快速退刀到安全换刀点
T0100 M05;	取消 1 号刀刀补，主轴停止
M09;	关冷却液
M13;	松开卡盘
M30;	程序结束

注：以上程序为只加工零件的一部分，加工零件另一部分需要调头安装，安装后，必须重新进行对刀操作，程序可使用上述的程序。

活动四　加工执行

一、加工执行过程

①指导教师分析加工工艺，讲解加工方法和程序的编写方法。

②学生根据加工工艺要求，编写加工程序，并将程序输入机床。

③利用图形显示功能对程序进行模拟和校验，图形模拟时要注意接通机床锁住及STM辅助功能锁住键。

④根据工件的长度夹紧毛坯；按程序指定的刀位，安装好刀具。

⑤调整好主轴转速。

⑥应用试切对刀法进行对刀，并将刀具补偿参数正确地输入对应的刀号位置上。

⑦选择自动方式，并按亮单段运行；把快进倍率调到25%，进给倍率调到50%左右；按位置键使显示屏显示坐标及程序页面；按循环启动键后用手点住进给保持键，观察刀具与工件的位置，并在刀具快碰到工件前暂停一下，对比当前刀具与工件的位置与坐标值是否一致，如果正确，就把快进、进给倍率调好，把单段运行灯按灭，再按循环启动键，进行自动加工；如果发现刀具与工件的位置有误，则必须重新对刀再加工。

二、实训操作注意事项

①要求学生单人操作，不允许多人操作。

②要求学生注意切削转速、吃刀深度及进给速度的合理选择。

③正确进行对刀操作，确保录入的数值准确。学生对刀操作完成后，指导教师必须进行验证检查。

④主轴开启时要求必须关闭防护门，要求学生养成良好的安全防范意识。

⑤主轴正反转转换时必须停转后再作转换操作。

活动五　加工质量检测

学生通过检测，完成下面零件加工质量表2.8，并进行质量分析。

表2.8　光轴零件加工质量表

检测项目	测量工具	尺寸精度	实际测量值	是否合格	表面粗糙度值	是否合格	备注
工件总长	游标卡尺 千分尺	80.0~80.20					
左、右端面	粗糙度量块				R_a 不大于12.5 μm		
外圆	游标卡尺 千分尺 粗糙度量块	ϕ39.95~ϕ40.05			R_a 不大于6.3 μm		
质量分析							

活动六　任务评价

光轴任务评价见表 2.9。

表 2.9　光轴任务评价表

<table>
<tr><td>课题</td><td>光轴加工</td><td>零件编号</td><td></td><td>学生姓名</td><td></td><td>班　级</td><td></td></tr>
<tr><td colspan="2">检查项目</td><td>序号</td><td>检查内容</td><td>配分</td><td>自评分</td><td>小组评分</td><td>教师评分</td></tr>
<tr><td rowspan="8">基本检查</td><td rowspan="3">编程</td><td>1</td><td>切削加工工艺制订正确</td><td>5</td><td></td><td></td><td></td></tr>
<tr><td>2</td><td>切削用量选择合理</td><td>5</td><td></td><td></td><td></td></tr>
<tr><td>3</td><td>程序正确、简单、规范</td><td>5</td><td></td><td></td><td></td></tr>
<tr><td rowspan="4">操作</td><td>4</td><td>设备操作、维护保养正确</td><td>5</td><td></td><td></td><td></td></tr>
<tr><td>5</td><td>工件找正、安装正确、规范</td><td>5</td><td></td><td></td><td></td></tr>
<tr><td>6</td><td>刀具选择、安装正确、规范</td><td>5</td><td></td><td></td><td></td></tr>
<tr><td>7</td><td>安全文明生产</td><td>5</td><td></td><td></td><td></td></tr>
<tr><td>工作态度</td><td>8</td><td>行为规范、遵守纪律</td><td>5</td><td></td><td></td><td></td></tr>
<tr><td rowspan="3">零件质量</td><td>零件总长</td><td>9</td><td>80</td><td>20</td><td></td><td></td><td></td></tr>
<tr><td>端面</td><td>10</td><td>表面粗糙度</td><td>10</td><td></td><td></td><td></td></tr>
<tr><td>外圆</td><td>11</td><td>$\phi 40$</td><td>30</td><td></td><td></td><td></td></tr>
<tr><td colspan="5">总分</td><td></td><td></td><td></td></tr>
<tr><td colspan="5">综合评价</td><td colspan="3">（优、良、中、差）</td></tr>
</table>

活动七　任务拓展

对刀相关知识

一、对刀点

对刀点是指在数控车床上加工零件时，用来确定刀具与零件之间相对位置的点。在大多数情况下，为了提高加工精度，对刀点应尽量选在设计基准或工艺基准上。

二、刀位点

刀位点是指在加工程序编制中，用以表示刀具确定位置的点，也是对刀和加工的基准点。在对刀加工中的刀位点，应尽量与编程时的刀位点选择一致，如图 2.9 所示。

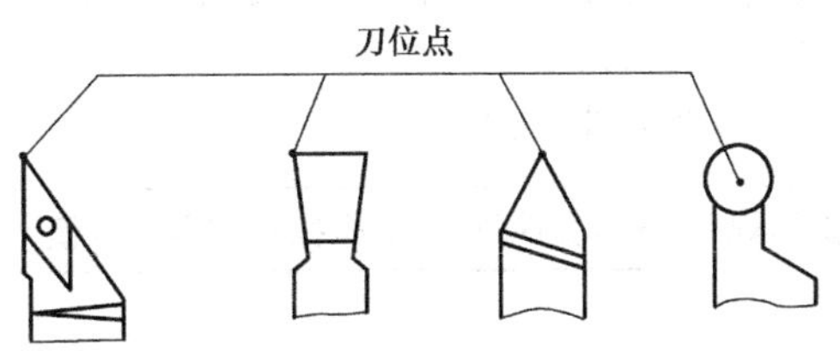

图 2.9　刀位点

三、对刀

在加工程序执行前，调整每把刀的刀位点，使其尽量重合于某一理想基准点，这一过程称为对刀，对刀是数控加工中的主要操作步骤。

四、对刀方法

常用的对刀方法有定点对刀法、试切对刀法和回机床零点对刀法 3 种。

①定点对刀法的实质是按接触式设定基准重合原理而进行的一种粗定位对刀方法，其定位基准由预设的对刀基准点来体现，对刀时，只要将各号刀的刀位点调整至与对刀基准点重合即可，该方法简便易行，因而得到了较广泛的应用，但其对刀精度受到操作者技术熟练程度的影响，一般情况下其精度不高，还须在加工或试切中修正。

②试切对刀法通过试切工件来进行对刀，以便得到更加准确和可靠的结果。

③回机床零点对刀法不存在基准刀问题，在刀具磨损或调整任何一把刀时，只要对此刀重新对刀即可。对刀前回一次机床零点。断电后上电只要回一次机床零点后即可继续加工，操作简单方便。

【课后练习】

编程完成如下图所示零件的车削加工，工件毛坯为 $\phi30\times55$ 的 45 钢材料。

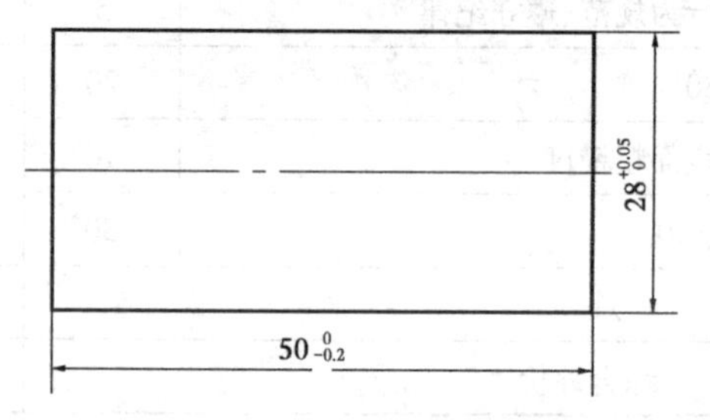

任务三　阶台轴加工

【实训目标】

知识目标	1.能识记阶台轴零件图 2.知道阶台轴的程序编写 3.知道阶台轴的检测
技能目标	1.能看懂阶台轴零件图 2.能正确运用 G90、G94、G71 和 G70 指令编写程序 3.能正确进行对刀操作 4.能正确检测阶台轴的精度
态度目标	遵守操作规程、养成文明操作、安全操作的良好习惯

【实训准备】

序　号	名　称	规　格	数　量	备　注
1	千分尺	0~25 mm	1	
2	千分尺	25~50 mm	1	
3	游标卡尺	0~150 mm	1	
4	钢直尺	0~150 mm	1	
5	刀具	端面车刀	1	
		外圆车刀(偏刀)	1	
6	其他辅具	1.刀台扳手、卡盘扳手		
		2.垫刀片若干		
7	材料	45 钢,上一任务中完成的 $\phi40\times80$ 圆棒		
8	数控车床			
9	数控系统	GSK980TDc		

活动一　加工任务

阶台轴加工任务见表 2.10。

表 2.10　阶台轴加工任务

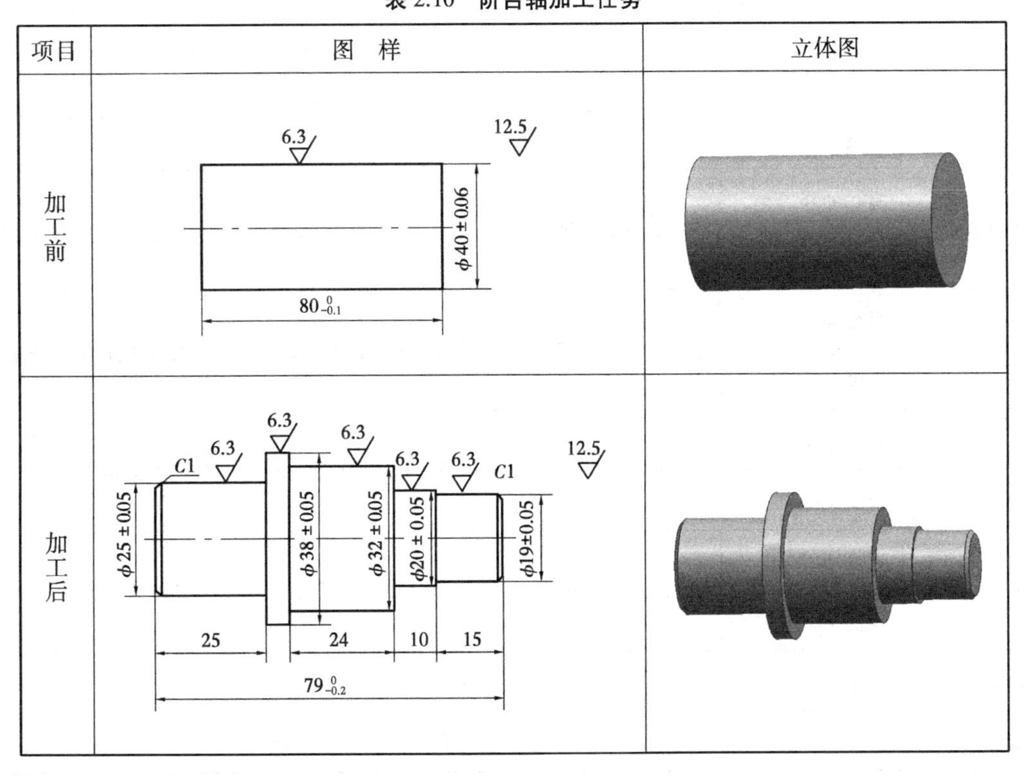

续表

加工任务描述	进行阶台轴加工： 零件总长 79； ①直径 ϕ25，长度 25，表面粗糙度值 R_a 不大于 6.3 μm； ②直径 ϕ38，长度 5，表面粗糙度值 R_a 不大于 6.3 μm； ③直径 ϕ32，长度 24，表面粗糙度值 R_a 不大于 6.3 μm； ④直径 ϕ20，长度 10，表面粗糙度值 R_a 不大于 6.3 μm； ⑤直径 ϕ19，长度 15，表面粗糙度值 R_a 不大于 6.3 μm； ⑦两端外圆倒角 $C1$； ⑧其余未标注加工表面粗糙度值 R_a 不大于 12.5μm

活动二　加工任务分析

阶台轴加工任务分析见表 2.11。

表 2.11　阶台轴加工任务分析表

加工结构	尺寸标注	尺寸精度（尺寸范围）	表面粗糙度	备　注
端面（左右）	无	无	R_a 不大于 12.5 μm	两端余量约 1 mm
零件总长	79	79.0～79.20	无	
外圆 ϕ25	直径 ϕ25	ϕ24.95～ϕ24.05	R_a 不大于 6.3 μm	长度采用自由公差
	长度 25			
外圆 ϕ38	直径 ϕ38	ϕ37.95～ϕ38.05	R_a 不大于 6.3 μm	长度采用自由公差
	长度 5			
外圆 ϕ32	直径 ϕ32	ϕ31.95～ϕ32.05	R_a 不大于 6.3 μm	长度采用自由公差
	长度 24			
外圆 ϕ20	直径 ϕ20	ϕ19.95～ϕ20.05	R_a 不大于 6.3 μm	长度采用自由公差
	长度 10			
外圆 ϕ19	直径 ϕ19	ϕ18.95～ϕ19.05	R_a 不大于 6.3 μm	长度采用自由公差
	长度 15			
倒角	倒角 $C1$	1×45°	—	—
其他			R_a 不大于 12.5 μm	—

活动三　加工工艺与程序编制

一、确定加工方案及加工工艺路线

(一)加工方案确定

零件毛坯ϕ40×80,零件加工后长度约为79 mm的阶台轴,长度方向有约1 mm余量,故要先平端面。并且阶台轴是中间大(大直径),两端小(小直径),故采用两端分别加工的方法进行加工(分两次进行装夹),工件较短可直接采用三爪卡盘装夹工件,先夹一端,用端面车刀手动车端面,自动车阶台,然后调头装夹,用端面车刀手动车另一端面,自动车另一端阶台。由于表面质量较高,粗车、精车应分开进行,粗加工单边加工量可选1.5 mm,单边可留0.5 mm左右精车余量。

(二)加工工艺路线

先加工零件左边部分(ϕ38和ϕ25),然后调头安装,加工右边部分(ϕ32、ϕ20和ϕ19)。

①夹持零件,伸出卡盘长度约40 mm,找正并夹紧。

②手动车端面。

③对刀。

④自动加工零件一端(ϕ38和ϕ25),并控制好尺寸精度。

⑤调头,夹持零件已加工好的ϕ25表面(为保护已加工表面,安装时可加铜皮作保护),利用ϕ38阶台靠卡盘端面。

⑥手动车另一端面(ϕ32、ϕ20和ϕ19),控制好零件总长度。

⑦对刀。

⑧自动加工另一端,并控制好尺寸精度。

⑨检测。

二、相关知识

(一)阶台轴的加工工艺

1.阶台轴的安装

根据阶台轴的形状及位置精度要求的不同,可以制订不同的装夹方式,对于长度较短的阶台轴可以直接利用三爪卡盘装夹,如图2.10(a)所示;对于长度较长的阶台轴可以采用一夹一顶的装夹方式,如图2.10(b)所示;对于长度较长而阶台之间的位置精度要求又比较高,一夹一顶又难以保证的阶台轴可以采用两顶尖装夹方式,如图2.10(c)所示。对于一些轴类零

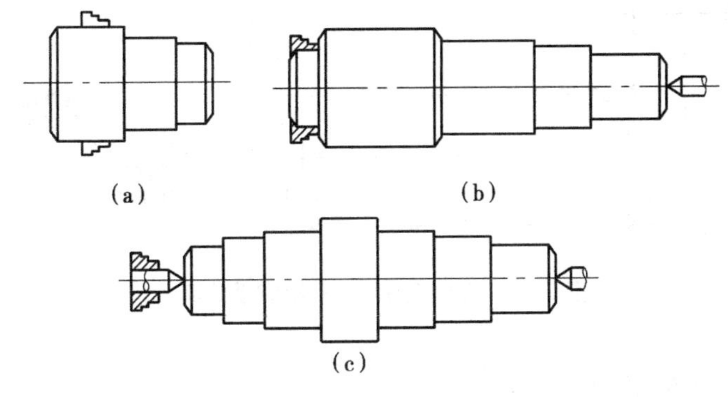

图2.10　阶台轴的安装

件,以上装夹方式都不能保证其加工精度的,可根据其特点,制订相关的工装进行车削加工,同时保证其加工的精度。

2.加工阶台轴的一般工艺方法

(1)先粗后精

先安排粗加工,把精加工前的大部分余量车削掉,同时也尽量满足精加工余量均匀性的要求,以便于精加工时直接采用轮廓加工。

(2)先大(直径)后小(直径)

阶台轴一般由外层向内层进行车削加工,即先车削大直径,后车削小直径,由大向小进行加工,可以减少加工的路线,从而节省加工时间。如果阶台轴的各直径相差不大,在切削深度允许的条件下,也可以从小到大,按先近后远的顺序安排车削加工。

(二)编程基本知识

常用指令及格式:

1.轴向切削循环 G90

格式:G90 X(U)Z(W)F;(圆柱切削)

G90 X(U)Z(W)RF;(圆锥切削)

功能:从切削点开始,进行径向(X 轴)进刀、轴向(Z 轴或 X、Z 轴同时)切削,实现柱面或锥面切削循环。

说明:G90 为模态 G 代码。

切削起点:直线插补(切削进给)的起始位置;

切削终点:直线插补(切削进给)的结束位置;

X:切削终点 X 轴的绝对坐标;

U:切削终点与起点 X 轴绝对坐标的差值;

Z:切削终点 Z 轴绝对坐标;

W:切削终点与起点 Z 轴绝对坐标的差值;

R:切削终点与切削起点 X 轴绝对坐标的差值(半径值),带方向,当 R 与 U 的符号不一致时,要求 $|R| \leqslant |U/2|$;$R=0$ 或缺省输入时,进行圆柱切削,否则进行圆锥切削。

移动路线如图 2.11 所示。

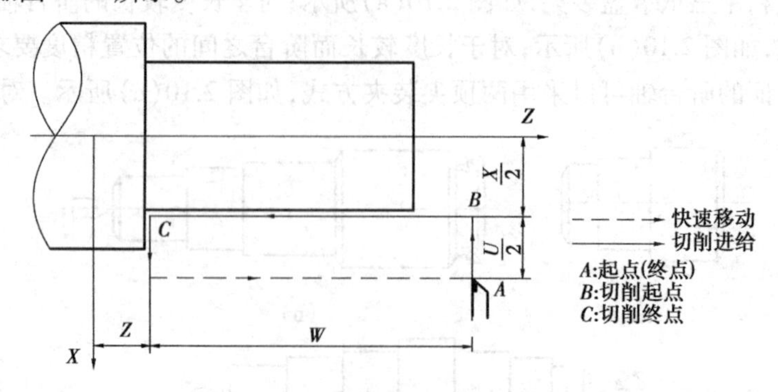

图 2.11 轴向切削循环 G90 移动线路

循环过程:

①X 轴从起点快速移动到切削终点。

②从切削起点直线插补(切削进给)到切削终点。

③X 轴以切削速度退刀,返回到 X 绝对坐标与起点相同处。

④Z 轴快速移动返回到起点,循环结束。

2.径向切削循环 G94

格式:G94 X(U)Z(W)F;(端面切削)

　　G94 X(U)Z(W)RF;(锥度端面切削)

功能:从切削点开始,轴向(Z 轴)进刀、径向(X 轴或 X、Z 轴同时)切削,实现端面或锥面切削循环,代码的起点和终点相同。

说明:G94 为模态 G 代码。

切削起点:直线插补(切削进给)的起始位置;

切削终点:直线插补(切削进给)的结束位置;

X:切削终点 X 轴绝对坐标;

U:切削终点与起点 X 轴绝对坐标的差值;

Z:切削终点 Z 轴绝对坐标;

W:切削终点与起点 Z 轴绝对坐标的差值;

R:切削终点与切削起点 Z 轴绝对坐标的差值,当 R 与 W 的符号不一致时,要求 $|R| \leqslant |W|$。

移动路线如图 2.12 所示。

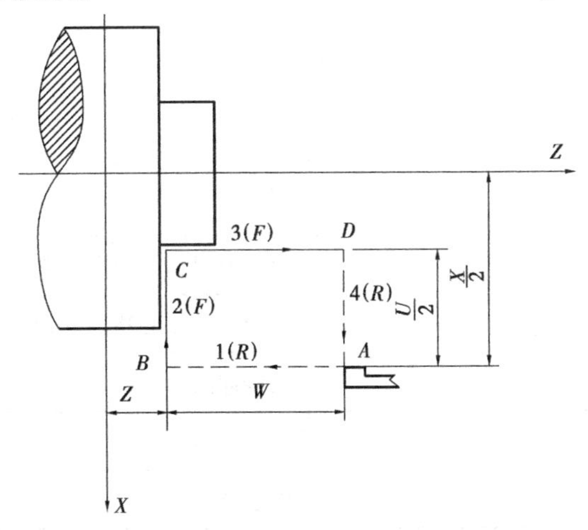

图 2.12　径向切削循环 G94 移动路线

循环过程:

①Z 轴从起点快速移动到切削终点。

②从切削起点直线插补(切削进给)到切削终点。

③Z 轴以切削速度退刀,返回到 Z 轴绝对坐标与起点相同处。

④Z 轴快速移动返回到起点,循环结束。

三、零件加工参考程序

车 ϕ38 和 ϕ25 程序见表 2.12。

车 ϕ32、ϕ20 和 ϕ19 程序见表 2.13。

表 2.12　零件加工参考程序

加工程序(左边部分)	程序说明
O0002	零件程序名
G00 X100 Z100	快速定位到安全换刀点
M12	夹紧卡盘
M03 S800	主轴正转,转速 800 r/min
M08	开冷却液
T0101	选定 01 号刀
G00 X43 Z2	快速移动到第一刀切削点,并定位
G90 X38 Z-32 F100	车 ϕ38 外圆,长度 32
X35 Z-25	车 ϕ25 外圆,长度 25
X32	
X29	
X26	
X25	
G00 X23 Z2	
G01 Z0 F100	倒角 *C*1
X25 Z-1	
G00 X100 Z100	快速退刀到安全换刀点
T0100 M05	取消 1 号刀刀补,主轴停止
M09	关冷却液
M13	松开卡盘
M30	程序结束

表 2.13　零件加工参考程序

加工程序(右边部分)	程序说明
O0003	零件程序名
G00 X100 Z100	快速定位到安全换刀点
M12	夹紧卡盘
M03 S800	主轴正转,转速 800 r/min

续表

加工程序(右边部分)	程序说明
M08	开冷却液
T0101	选定01号刀
G00 X43 Z2	快速移动到第一刀切削点,并定位
G90 X37 Z-49 F100	车 ϕ32 外圆,长度49
X34	
X32	
X29 Z-25	车 ϕ20 外圆,长度25
X26	
X25	
X22	
X20	
X19 Z-15	车 ϕ19 外圆,长度15
G00 X17 Z2	快速进刀
G01 Z0 F100	倒角 $C1$
X19 Z-1	
G00 X100 Z100	快速退刀到安全换刀点
T0100 M05	取消1号刀刀补,主轴停止
M09	关冷却液
M13	松开卡盘
M30	程序结束

注:调头安装后,必须重新进行对刀操作。

活动四　加工执行

一、加工执行过程

①指导教师分析加工工艺,讲解加工方法和程序的编写方法。

②学生根据加工工艺要求,编写加工程序,并把加工程序输入机床。

③利用图形显示功能对程序进行模拟和校验,图形模拟时要注意接通机床锁住及STM辅助功能锁住键。

④夹紧零件;按程序指定的刀位,安装好刀具。

⑤调整好主轴转速。

⑥应用试切对刀法进行对刀,并把刀具补偿参数正确地输入对应的刀号位置。

⑦选择自动方式,并按亮单段运行;将快进倍率调到25%,进给倍率调到50%左右;按位置键使显示屏显示坐标及程序页面;按循环启动键后手点住进给保持键,观察刀具与工件的位置,并在刀具快碰到工件前暂停一下,对比当前刀具与工件的位置与坐标值是否一致,如果正确,就把快进、进给倍率调好,将单段运行灯熄灭,再按循环启动键,进行自动加工;如果发现刀具与工件的位置有误,则必须重新对刀再加工。

二、实训操作注意事项

①安装工件时,可用铜皮包住工件夹持部位,以免夹伤工件,必须夹紧并进行找正。

②要求学生单人操作,不允许多人操作。

③要求学生注意切削转速,吃刀深度及进给速度的合理选择。

④工件调头安装后,必须重新进行对刀操作,然后再进行加工。

活动五　加工质量检测

学生通过检测,完成下面零件加工质量表2.14,并进行质量分析。

表2.14　阶台轴零件加工质量表

<table>
<tr><th>检测项目</th><th>测量工具</th><th>尺寸精度</th><th>实际测量值</th><th>是否合格</th><th>表面粗糙度值</th><th>是否合格</th><th>备注</th></tr>
<tr><td>零件总长</td><td>游标卡尺
千分尺</td><td>79.0~79.20</td><td></td><td></td><td></td><td></td><td></td></tr>
<tr><td>端面</td><td>粗糙度量块</td><td>表面粗糙度</td><td></td><td></td><td>R_a 不大于12.5 μm</td><td></td><td></td></tr>
<tr><td rowspan="5">外圆</td><td rowspan="5">游标卡尺
千分尺
粗糙度量块</td><td>φ25×25(φ24.95~φ25.05)</td><td></td><td></td><td rowspan="5">R_a 不大于6.3 μm</td><td></td><td rowspan="5"></td></tr>
<tr><td>φ38×5(φ37.95~φ38.05)</td><td></td><td></td><td></td></tr>
<tr><td>φ32×24(φ31.95~φ32.05)</td><td></td><td></td><td></td></tr>
<tr><td>φ20×10(φ19.95~φ20.05)</td><td></td><td></td><td></td></tr>
<tr><td>φ19×15(φ18.95~φ19.05)</td><td></td><td></td><td></td></tr>
<tr><td>倒角</td><td></td><td>1×45°</td><td></td><td></td><td></td><td></td><td></td></tr>
<tr><td>其他</td><td>粗糙度量块</td><td>表面粗糙度</td><td></td><td></td><td></td><td></td><td></td></tr>
<tr><td>质量分析</td><td colspan="7"></td></tr>
</table>

活动六　任务评价

阶台轴任务评价见表2.15。

表 2.15　阶台轴任务评价表

课题	光轴加工	零件编号		学生姓名		班　级	
检查项目		序号	检查内容	配分	自评分	小组评分	教师评分
基本检查	编程	1	切削加工工艺制订正确	5			
		2	切削用量选择合理	5			
		3	程序正确、简单、规范	5			
	操作	4	设备操作、维护保养正确	5			
		5	工件找正、安装正确、规范	5			
		6	刀具选择、安装正确、规范	5			
		7	安全文明生产	5			
	工作态度	8	行为规范、遵守纪律	5			
零件质量	零件总长	9	79	10			
	端面	10	表面粗糙度要求	10			
	外圆	11	$\phi25$	40			
		12	$\phi38$				
		13	$\phi32$				
		14	$\phi20$				
		15	$\phi19$				
	倒角	16	$C1$	5			
总分							
综合评价					（优、良、中、差）		

【课后练习】

编程完成如下图所示零件的车削加工，工件毛坯为 $\phi40\times55$ 的 45 钢材料。

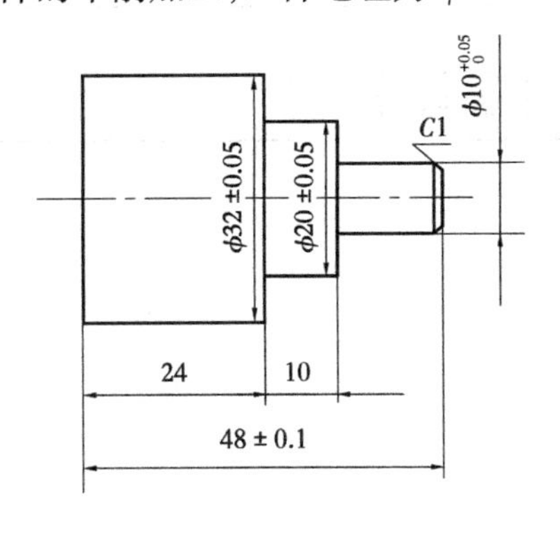

任务四 带槽轴加工

【实训目标】

知识目标	1.能识记带槽轴零件图 2.知道带槽轴的程序编写 3.知道带槽轴的检测
技能目标	1.能看懂带槽轴零件图 2.能正确运用 G01、G04、G75 指令编写程序 3.能正确进行对刀操作 4.能正确检测带槽轴的精度
态度目标	遵守操作规程、养成文明操作、安全操作的良好习惯

【实训准备】

序号	名 称	规 格	数 量	备 注
1	千分尺	0~25 mm	1	
2	千分尺	25~50 mm	1	
3	游标卡尺	0~150 mm	1	
4	钢直尺	0~150 mm	1	
5	刀具	切槽刀	1	
		外圆车刀(偏刀)	1	
6	其他辅具	1.刀台扳手、卡盘扳手		
		2.垫刀片若干		
7	材料	45 钢,上一任务中完成的阶台轴		
8	数控车床			
9	数控系统	GSK980TDc		

活动一 加工任务

带槽轴加工任务见表 2.16。

表 2.16　带槽轴加工任务

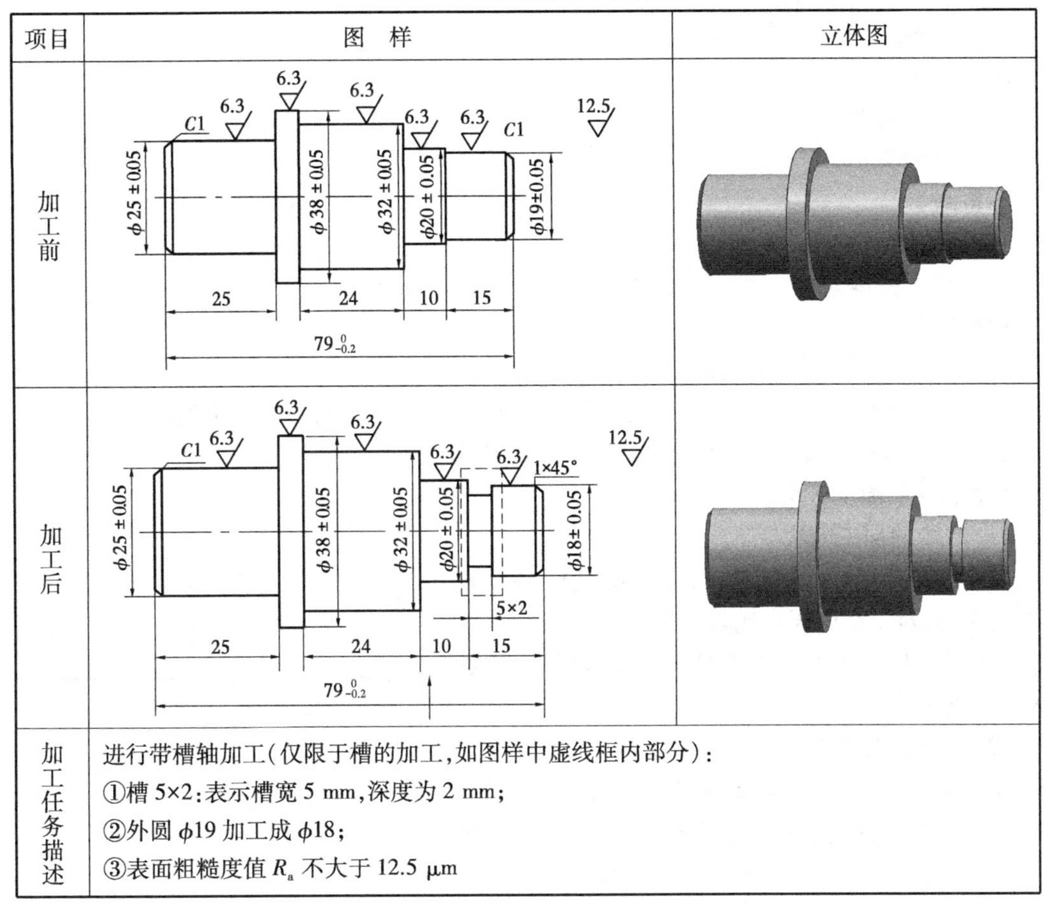

项目	图　样	立体图
加工前		
加工后		
加工任务描述	进行带槽轴加工(仅限于槽的加工,如图样中虚线框内部分): ①槽 5×2:表示槽宽 5 mm,深度为 2 mm; ②外圆 ϕ19 加工成 ϕ18; ③表面粗糙度值 R_a 不大于 12.5 μm	

活动二　加工任务分析

带槽轴加工任务分析见表 2.17。

表 2.17　带槽轴加工任务分析

加工结构	尺寸标注	尺寸精度(尺寸范围)	表面粗糙度	备　注
槽	5×2	槽宽 5 mm,深度为 2 mm	R_a 不大于 12.5 μm	
外圆	ϕ18	ϕ 17.95~ϕ 18.05	R_a 不大于 6.3 μm	

活动三　加工工艺与程序编制

一、确定加工方案及加工工艺路线

(一)加工方案确定

采用三爪卡盘装夹零件(夹 ϕ25 外圆),先用外圆车刀将 ϕ19 加工到 ϕ18,然后用切槽刀进行切槽。

(二)加工工艺路线

①夹持零件(夹 ϕ25 外圆)。

②对刀车。

③车 ϕ18 端面。

④车槽 5×2。

⑤检测。

二、相关知识

(一)槽的基本知识

1.槽的分类

按槽的宽度不同可分为宽槽和窄槽两种。

①窄槽。沟槽的宽度不大,采用刀头的宽度等于槽宽的车刀,一次车出的沟槽。

②宽槽。沟槽的宽度大于切槽刀刀头宽度的沟槽。

2.槽的一般加工方法

(1)窄槽的加工方法

如图 2.13 所示,加工窄槽可以直接使用 G01 指令直进切削;对于精度要求比较高的,切槽到尺寸后,在槽底处用 G04 指令使刀具在槽底停留几秒钟,以起到修光槽底的作用。

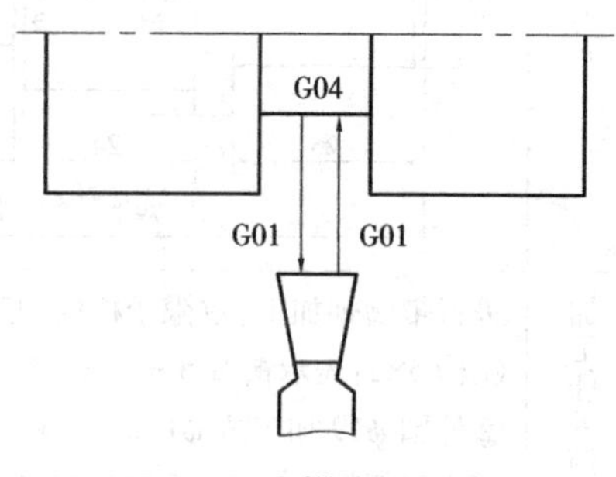

图 2.13　窄槽的加工方法

(2)宽槽的加工方法

如图 2.14 所示,加工宽槽时,要分几次进刀切削,而且每次切削的轨迹在宽度应略有重叠,即每次扩宽应小于刀宽;并且要留有精加工的余量,最后要精车槽侧和底面。

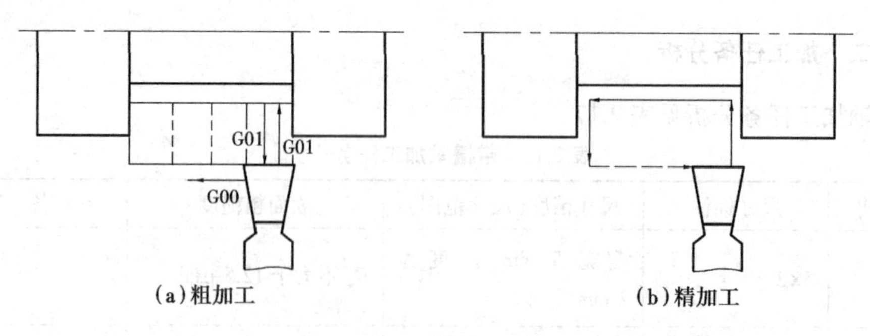

(a)粗加工　　(b)精加工

图 2.14　宽槽的加工方法

3.切刀刀具刀位点的选择

切槽及切断的刀具中,切刀有左右两个刀尖及切削中心 3 个刀位点可以选用,通常在编写加工程序和加工时,一般选择左刀尖点作为刀位点。

4.切槽和切断中应注意的问题

①编程与对刀加工时应该选定同一个刀位点。

②注意合理地编排切槽后的退刀路线,以防止刀具与加工零件相碰,从而造成刀具及零件的损坏,如图 2.15 所示。

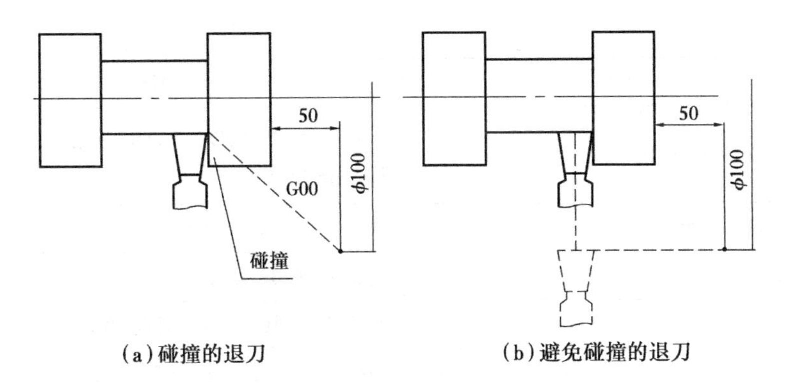

(a)碰撞的退刀　　(b)避免碰撞的退刀

图 2.15　合理编排切槽后的退刀路线

③切槽时,刀刃宽度、切削速度和进给量都不宜太大。

(二)编程基本知识

常用指令及格式

(1)直线插补 G01

格式:G01 X(U)Z(W)F;

功能:运动轨迹从起点到终点的一条直线。GO1 为模态 G 代码。

说明:

①G01 指令刀具以联动的方式按 *F* 规定的合成进给速度,从当前位置按直线路线移动到程序段指令的终点。

②G01 一般用于工进或切削。进给速度可由面板上的进给修调按键修正。

(2)暂停指令 G04

格式:G04 P;(单位:0.001 s)

G04 X;(单位:s)

G04 U;(单位:s)

说明:

用暂停指令,可以暂停给定的时间,推迟下一个程序段的执行,但它只对自身程序段有效;暂停时间过后,继续执行下一段程序。

三、零件加工参考程序

零件加工参考程序见表 2.18。

表 2.18　零件加工参考程序

加工程序	程序说明
O0004	零件程序名
G00 X100 Z100	快速定位到安全换刀点
M12	夹紧卡盘
M03 S800	主轴正转,转速 800 r/min
M08	开冷却液
T0101	选定 01 号刀
G00 X18 Z2	快速移动到第一刀切削点,并定位

续表

加工程序	程序说明
G90 X18 Z-15 F100	车 ϕ18 外圆,长度 15 mm,进给速度 F=100 mm/min
G00 X100 Z100	快速定位到安全换刀点
T0202	换切槽刀(02 号刀)
G00 X22 Z-15	快速移动到第二刀切削点,并定位
X14 F20	切槽宽 5,深 2,进给速度 F=20 mm/min
G04 X2	槽底停留 2 s
G00 X24	快速退刀
G00 X100 Z100	快速退刀到安全换刀点
T0100 M05	取消 1 号刀刀补,主轴停止
M09	关冷却液
M13	松开卡盘
M30	程序结束

活动四　加工执行

一、加工执行过程

①指导教师分析加工工艺,讲解加工方法和程序的编写方法。

②学生根据加工工艺要求,编写加工程序,并将程序输入机床。

③利用图形显示功能对程序进行模拟和校验,图形模拟时要注意接通机床锁住及 STM 辅助功能锁住键。

④夹紧零件;按程序指定的刀位,安装好刀具。

⑤调整好主轴转速。

⑥应用试切对刀法进行对刀,并将刀具补偿参数正确地输入对应的刀号位置上。

⑦选择自动方式,并按亮单段运行;将快进倍率调到 25%,进给倍率调到 50%左右;按位置键使显示屏显示坐标及程序页面;按循环启动键后手按住进给保持键,观察刀具与工件的位置,并在刀具快碰到工件前暂停一下,对比当前刀具与工件的位置与坐标值是否一致,如果正确,就把快进、进给倍率调好,把单段运行灯按灭,再按循环启动键,进行自动加工;如果发现刀具与工件的位置有误,则必须重新对刀再加工。

二、实训操作注意事项

①要求学生单人操作,不允许多人操作。

②要求学生注意切削转速,吃刀深度及进给速度的合理选择。

③学生应对多把刀分别进行对刀操作并进行验证检查。

活动五　加工质量检测

学生通过检测,完成下面带槽轴零件加工质量表 2.19,并进行质量分析。

表 2.19　带槽轴加工质量表

检测项目	测量工具	尺寸精度	实际测量值	是否合格	表面粗糙度值	是否合格	备　注
外圆	游标卡尺 千分尺 粗糙度量块	$\phi17.95\sim\phi18.05$			R_a 不大于 6.3 μm		
槽	游标卡尺 千分尺 粗糙度量块	宽度 5 深度 2			R_a 不大于 12.5 μm		
质量分析							

活动六　任务评价

带槽轴任务评价见表 2.20。

表 2.20　带槽轴任务评价表

课题	光轴加工	零件编号		学生姓名		班　级	
检查项目		序号	检查内容	配分	自评分	小组评分	教师评分
基本检查	编程	1	切削加工工艺制订正确	5			
		2	切削用量选择合理	5			
		3	程序正确、简单、规范	5			
	操作	4	设备操作、维护保养正确	5			
		5	工件找正、安装正确、规范	5			
		6	刀具选择、安装正确、规范	5			
		7	安全文明生产	5			
	工作态度	8	行为规范、遵守纪律	5			
零件质量	槽	9	5×2	30			
	其他	10	表面粗糙度	10			
	外圆	11	$\phi18$	20			
总分							
综合评价					(优、良、中、差)		

活动七　任务拓展

内/外切槽循环 G75

一、格式

G75 R(e)；

G75 X(U) Z(W) P(△i) Q(△k) R(△d) F(f)；

其中：

①XZ 为终点坐标，UW 为到终点的相对移动量。

②e 为每次沿 X 方向切削 Δi 的深度后，向其反方向的退刀量。

③Δi 为每次切削小循环里沿 X 方向切削的移动，直径标量值，无符号，单位：0.001 mm。

④Δk 沿 X 方向切削到 $X(U)$ 指定的深度后，向 Z 轴方向的偏移扩宽量，一般小于一刀宽，标量，无符号，单位：0.001 mm。

⑤Δd 切削到终点时，向 Z 轴方向的退刀量。

⑥f 为切削进给速度。

二、移动路线

移动路线如图 2.16 所示。

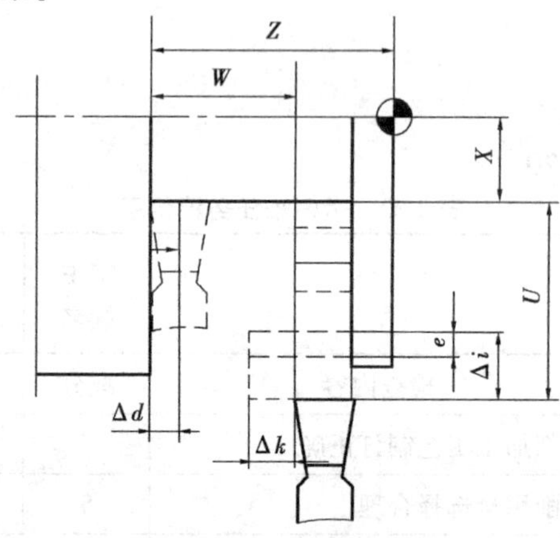

图 2.16　移动路线

三、宽槽加工示例

宽槽加工示例见表 2.21。

表 2.21　宽槽加工示例表

<table>
<tr><td>编程实例图</td><td colspan="3">刀具表</td></tr>
<tr><td rowspan="7">1×45°
φ34
φ20
φ30
19
5
29
35 ± 0.04</td><td>T01</td><td colspan="2">90°外圆车刀</td></tr>
<tr><td>T02</td><td colspan="2">4 切槽刀</td></tr>
<tr><td colspan="3">切削用量</td></tr>
<tr><td></td><td>外圆切削</td><td>切槽加工</td></tr>
<tr><td>主轴转速 S</td><td>1 000 r/min</td><td>375 r/min</td></tr>
<tr><td>进给量 F</td><td>100 mm/min</td><td>40 mm/min</td></tr>
<tr><td>切削深度</td><td>< 2 mm</td><td>≤4 mm</td></tr>
</table>

续表

加工程序	程序说明
O0005	零件程序名
G00 X100 Z100	快速定位到安全换刀点
⋮	夹紧卡盘
T0202	调用 02 号切槽刀
M03 S375	主轴正转、转速 375 r/min
G00 X32 Z-9	快速移动到切槽的起点
G75 R1	设定 X 方向的退刀量为 1 mm
G75 X20 Z-24 P3000 Q3500 F40	宽槽加工
G00 X100 Z100	快速退刀到安全换刀点
T0200 M05	取消 2 号刀刀补,主轴停止
M09	关冷却液
M13	松开卡盘
M30	程序结束
%	程序结束符号

【课后练习】

编程完成如下图所示零件的车削加工,工件毛坯为 ϕ38×110 的 45 钢材料。

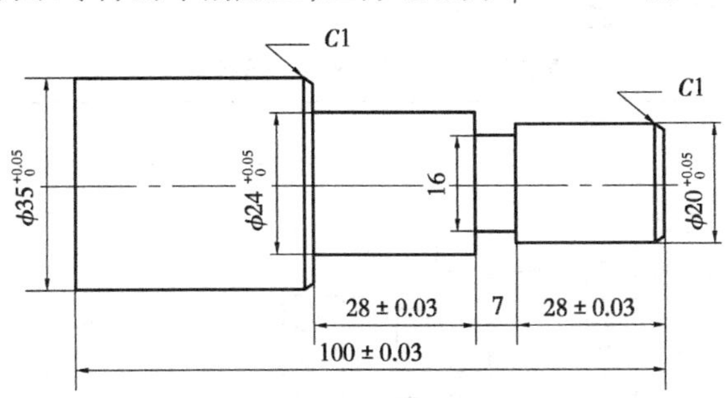

任务五　外圆锥面的加工

【实训目标】

知识目标	1.能识记带外圆锥面的零件图 2.知道外圆锥面的程序编写 3.知道外圆锥面的检测
技能目标	1.能看懂带外圆锥面的零件图 2.能正确运用 G01、G90、G94 指令编写程序 3.能正确进行对刀操作 4.能正确检测外圆锥面的精度
态度目标	遵守操作规程、养成文明操作、安全操作的良好习惯

【实训准备】

序　号	名　称	规　格	数　量	备　注
1	千分尺	0~25 mm	1	
2	千分尺	25~50 mm	1	
3	游标卡尺	0~150 mm	1	
4	圆锥量规		1	
5	万能角度尺		1	
6	刀具	外圆车刀	1	
7	其他辅具	1.刀台扳手、卡盘扳手		
		2.垫刀片若干		
8	材料	45 钢,上一任务中完成的零件		
9	数控车床			
10	数控系统	GSK980TDc		

活动一　加工任务

外锥面轴加工任务见表 2.22。

表 2.22　外锥面轴加工任务表

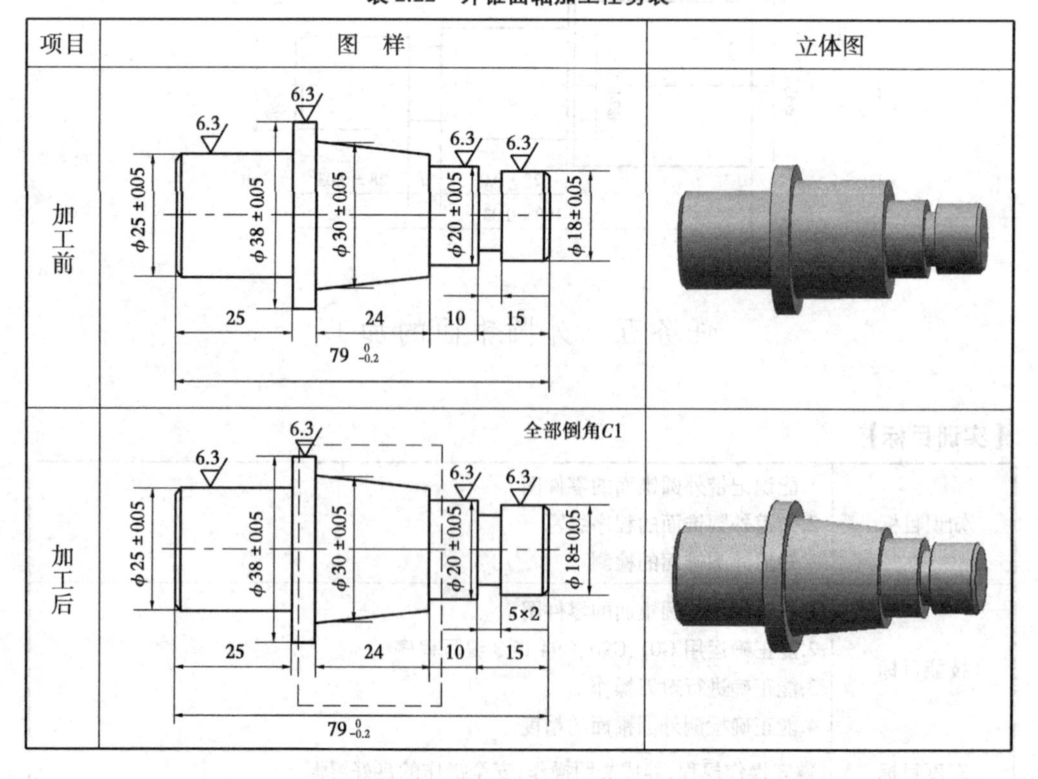

项目	图　样	立体图
加工前		
加工后		

续表

项目	图　样	立体图
加工任务描述	进行带锥面轴加工(仅限于锥面的加工,如图样中虚线框内部分): ①大端直径 $\phi 30$; ②小端直径 $\phi 25$; ③锥长 24; ④锥侧面表面粗糙度 R_a 不大于 6.3 μm	

活动二　加工任务分析

外锥面轴加工任务分析见表 2.23。

表 2.23　外锥面加工任务分析

加工结构	尺寸标注	尺寸精度(尺寸范围)	表面粗糙度	备　注
大端	$\phi 30$	ϕ 29.95~ϕ 30.05		
小端	$\phi 25$	ϕ 24.95~ϕ 25.05		
锥长	24			
其他	表面粗糙度		R_a 不大于 6.3 μm	

活动三　加工工艺与程序编制

一、确定加工方案及加工工艺路线

(一)确定加工方案

锥面加工前直径 $\phi 32$,锥面大端直径为 $\phi 30$,有 2 mm 加工余量,可直接采用三爪卡盘装夹工件,用外圆车刀手车到大端外圆,然后车锥面,直到车到小端直径。

(二)加工工艺路线

①夹持零件(夹 $\phi 25$),找正并夹紧。

②对刀。

③自动加工大端直径 $\phi 30$,并控制好尺寸精度。

④自动加工外圆锥面,并控制好尺寸精度。

⑤检测。

二、相关知识

(一)圆锥工件的检测

圆锥工件的常见检测量具有特制角度样板、圆锥量规和万能角度尺。

1.特制角度样板

角度样板形状简单,只能测量固定的锥度。

2.圆锥量规

圆锥量规分为塞规和套规两种,它测量工件的大、小端直径,在其端面处有一条阶台刻线,用以控制锥度的正确性。

3.万能角度尺

万能角度尺能较准确地测量出锥度值的大小。

(二)常用指令

常用指令包括:

"G01 X(U)Z(W)F;

G90 X(U)Z(W)RF;

G94 X(U)Z(W)RF"

三、零件加工参考程序

零件加工参考程序见表 2.24。

表 2.24　零件加工参考程序

加工程序	程序说明
O0006	零件程序名
G00 X100 Z100	快速定位到安全换刀点
M12	夹紧卡盘
M03 S800	主轴正转,转速 800 r/min
M08	开冷却液
T0101	选定 01 号刀
G00 X34 Z-23	快速移动到第一刀切削点,并定位
G90 X30 Z-49 F100	车 ϕ30 外圆,长度 49,进给速度 F= 100/min
G00 X30 Z-25	快速退刀
G90 X30 Z-49 R-1.5 F50	锥面加工
G90 X30 Z-49 R-1 F50	
G00 X100 Z100	快速退刀到安全换刀点
T0100 M05	取消 1 号刀刀补,主轴停止
M09	关冷却液
M13	松开卡盘
M30	程序结束

活动四　加工执行

一、加工执行过程

①指导教师分析加工工艺,讲解加工方法和程序的编写方法。

②学生根据加工工艺要求，编写加工程序，并把程序输入机床。

③利用图形显示功能对程序进行模拟和校验，图形模拟时要注意接通机床锁住及STM辅助功能锁住键。

④夹紧零件，按程序指定的刀位，安装好刀具。

⑤调整好主轴转速。

⑥应用试切对刀法进行对刀，并把刀具补偿参数正确地输入对应的刀号位置。

⑦选择自动方式，并按亮单段运行；将快进倍率调到25%，进给倍率调到50%左右；按位置键使显示屏显示坐标及程序页面；按循环启动键后手点住进给保持键，观察刀具与工件的位置，并在刀具快碰到工件前暂停一下，对比当前刀具与工件的位置与坐标值是否一致，如果正确，就把快进、进给倍率调好，将单段运行灯熄灭，再按循环启动键，进行自动加工；如果发现刀具与工件的位置有误，则必须重新对刀再加工。

二、实训操作注意事项

①要求学生单人操作，不允许多人操作。

②要求学生注意切削转速，吃刀深度及进给速度的合理选择。

③学生对刀操作完成后，指导教师必须进行验证检查。

活动五　加工质量检测

学生通过检测，完成下面零件加工质量表2.25，并进行质量分析。

表2.25　外锥面轴加工质量表

检测项目	测量工具	尺寸精度	实际测量值	是否合格	表面粗糙度值	是否合格	备　注
大端	游标卡尺 千分尺 粗糙度量块	ϕ29.95~ϕ30.05			R_a 不大于6.3 μm		
小端	游标卡尺 千分尺 粗糙度量块	ϕ24.9~ϕ25.05			R_a 不大于6.3 μm		
外圆锥面	粗糙度量块				R_a 不大于6.3 μm		
锥长	游标卡尺 千分尺	24					
质量分析							

活动六　任务评价

外锥面轴任务评价见表2.26。

表 2.26　外锥面轴任务评价表

课题	光轴加工	零件编号		学生姓名		班　级	
检查项目		序号	检查内容	配分	自评分	小组评分	教师评分
基本检查	编程	1	切削加工工艺制订正确	5			
		2	切削用量选择合理	5			
		3	程序正确、简单、规范	5			
	操作	4	设备操作、维护保养正确	5			
		5	工件找正、安装正确、规范	5			
		6	刀具选择、安装正确、规范	5			
		7	安全文明生产	5			
	工作态度	8	行为规范、遵守纪律	5			
零件质量	锥长	9	24	20			
	圆锥面	10	表面粗糙度	10			
	大端	11	$\phi30$	20			
	小端	12	$\phi25$	10			
总分							
综合评价							

【课后练习】

编程完成如下图所示零件的车削加工,工件毛坯为 $\phi30\times55$ 的 45 钢材料。

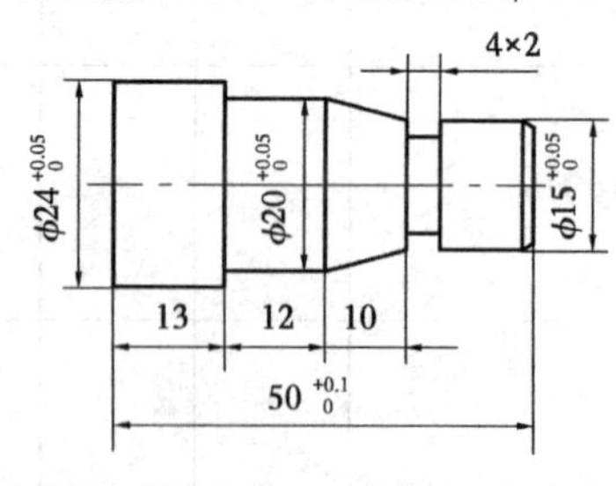

任务六　外螺纹加工

【实训目标】

知识目标	1.能识记带外螺纹的零件图 2.知道外螺纹的参数 3.知道外螺纹的程序编写 4.知道外螺纹的检测

技能目标	1.能看懂带外螺纹的零件图 2.能正确运用 G32、G92 指令编写程序 3.能正确进行对刀操作 4.能正确检测外螺纹的精度
态度目标	遵守操作规程、养成文明操作、安全操作的良好习惯

【实训准备】

序　号	名　称	规　格	数　量	备　注
1	千分尺	0～25 mm	1	
2	千分尺	25～50 mm	1	
3	游标卡尺	0～150 mm	1	
4	螺纹量规		1	
5	刀具	外螺纹车刀	1	
		外圆车刀	1	
6	其他辅具	1.刀台扳手、卡盘扳手		
		2.垫刀片若干		
7	材料	45 钢，上一任务中完成的零件		
8	数控车床			
9	数控系统	GSK980TDc		

活动一　加工任务

外螺纹轴加工任务见表 2.27。

表 2.27　外螺纹轴加工任务

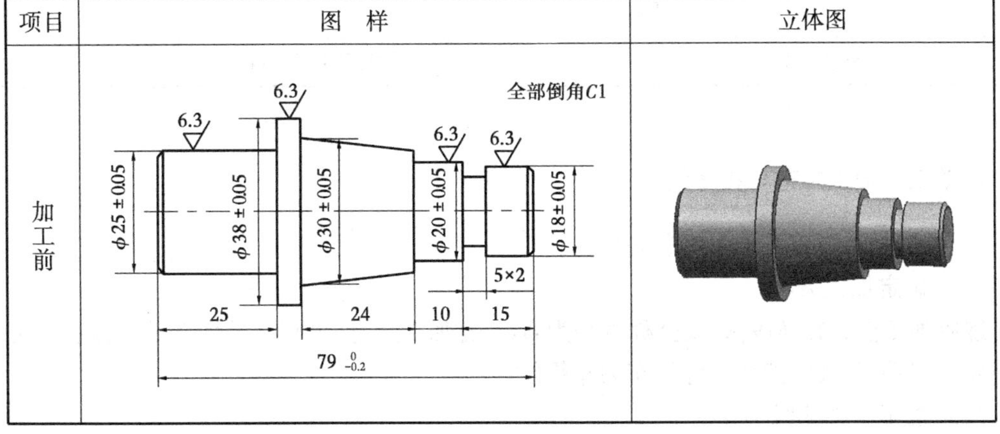

项目	图　样	立体图
加工前		

续表

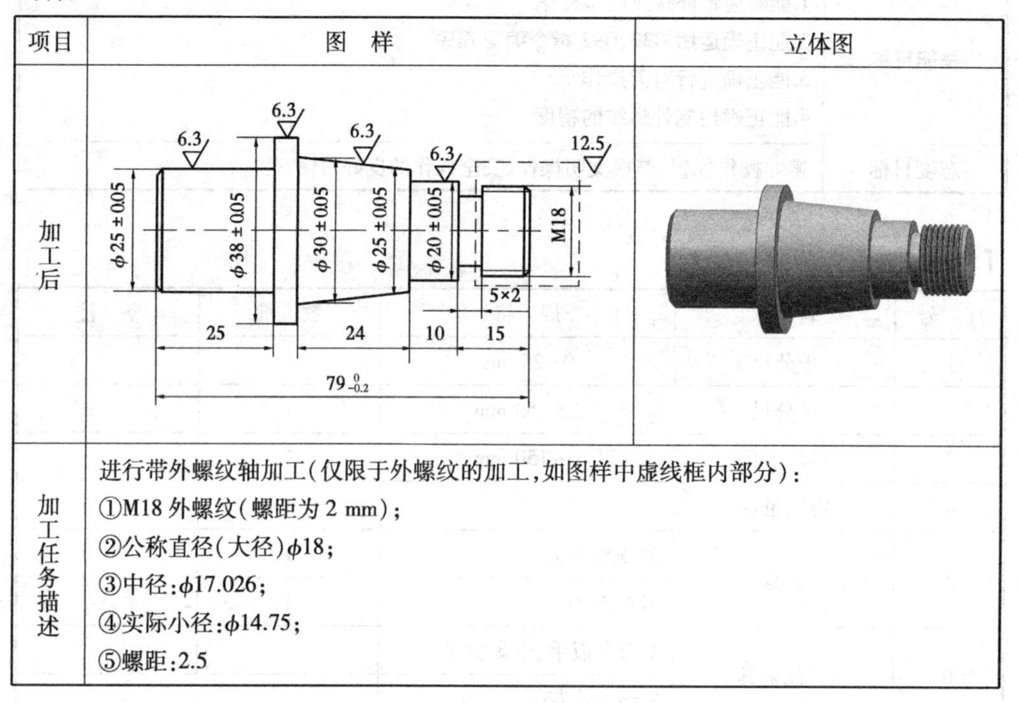

项目	图 样	立体图
加工后		
加工任务描述	进行带外螺纹轴加工(仅限于外螺纹的加工,如图样中虚线框内部分): ①M18 外螺纹(螺距为 2 mm); ②公称直径(大径)φ18; ③中径:φ17.026; ④实际小径:φ14.75; ⑤螺距:2.5	

活动二 加工任务分析

外螺纹轴加工任务分析见表 2.28。

表 2.28 外螺纹轴加工任务分析

加工结构	尺寸标注	尺寸精度(尺寸范围)	表面粗糙度	备 注
外螺纹	M18	公称直径(大径)φ18 中径:φ17.026 实际小径:φ14.75 螺距:2.5		
其他	表面粗糙度		R_a 不大于 12.5 μm	

活动三 加工工艺与程序编制

一、确定加工方案及加工工艺路线

(一)确定加工方案

螺纹加工前直径 φ19,螺纹公称直径为 φ18,有加工余量,可直接采用三爪卡盘装夹工件,用外圆车刀手车外圆,然后用螺纹车刀车螺纹。

(二)加工工艺路线

①夹持零件(夹 φ25),找正并夹紧。

②对刀。

③用外圆车刀自动加工外圆,并控制好尺寸精度。

④用螺纹车刀自动加工外螺纹,并控制好尺寸精度。

⑤检测。

二、相关知识

(一)螺纹加工的基本知识

1.数控车床加工螺纹的原理

数控车床CNC系统通过螺纹指令控制主轴脉冲编码器,产生脉冲,再输入伺服电机,从而严格地控制主轴旋转一圈,刀具刚好移动一个螺距,来实现螺纹的切削加工。

注:在加工螺纹时,粗、精加工不能改变主轴的转速,只能以相同的速度切削螺纹,避免产生乱扣。

2.螺纹切削的参数

(1)常见螺纹的牙型

常见的螺纹牙型有三角形、梯形、锯齿形、矩形等。普通螺纹的牙型角为60°;英制螺纹的牙型角为55°;梯形螺纹的牙型角为30°。

(2)普通螺纹牙型的参数

普通螺纹牙型的参数主要有螺纹公称直径(大径)、螺纹中径、螺纹小径和螺距。

(3)螺纹加工尺寸分析

①车外螺纹时,外圆柱面的直径d'及螺纹实际小径d_1的确定。

车螺纹时,零件材料因受车刀挤压而使外径胀大,因此,螺纹部分的零件外径应比螺纹的公称直径小0.2~0.4 mm。一般取:$d'=d-0.1P$;在实际生产中,为计算方便,不考虑螺纹车刀的刀尖半径的影响,一般取螺纹实际小径为:$d_1=d-1.3P$。

②车内螺纹时,内螺纹底孔直径D_1及内螺纹实际大径的确定。

a.钢和塑性材料:$D_1=D-P$。

b.铸铁和脆性材料:$D_1=D-(1.05\sim1.1)P$。

c.内螺纹实际大径等于螺纹公称直径。

(4)切削用量的选择

①主轴转速n。

$$n \leqslant \frac{1\ 200}{P} - K$$

式中　n——主轴转速;

P——零件的螺距;

K——保险系数,一般取80。

②切削深度的选用。在车削螺纹时,应遵循后刀的切削深度不能超过前一刀的切削深度的原则,即递减的切削深度分配方式,否则会因切削面积的增加、切削力过大而损坏刀具。但为了提高螺纹的表面粗糙度,用硬质合金螺纹车刀时,最后一刀的背吃刀量尽可能不小于0.1 mm。

常用螺纹加工走刀次数与分层切削余量见表2.29。

表 2.29　公制螺纹加工参数表

公制螺纹								
螺距		1.0	1.5	2.0	2.5	3.0	3.5	4.0
牙深		0.65	0.975	1.3	1.625	1.95	2.275	2.6
切深		1.3	1.95	2.6	3.25	3.9	4.55	5.2
走刀次数及切削余量	1 次	0.7	0.8	0.9	1.0	1.2	1.5	1.5
	2 次	0.4	0.5	0.6	0.7	0.7	0.7	0.8
	3 次	0.2	0.5	0.6	0.6	0.6	0.6	0.6
	4 次		0.15	0.4	0.4	0.4	0.6	0.6
	5 次			0.1	0.4	0.4	0.4	0.4
	6 次				0.15	0.4	0.4	0.4
	7 次					0.2	0.2	0.4
	8 次						0.15	0.3
	9 次							0.2

3.三角形螺纹车刀的几何角度

(1)高速钢螺纹粗、精车刀的几何角度

高速钢螺纹粗、精车刀的几何角度如图 2.17 所示。

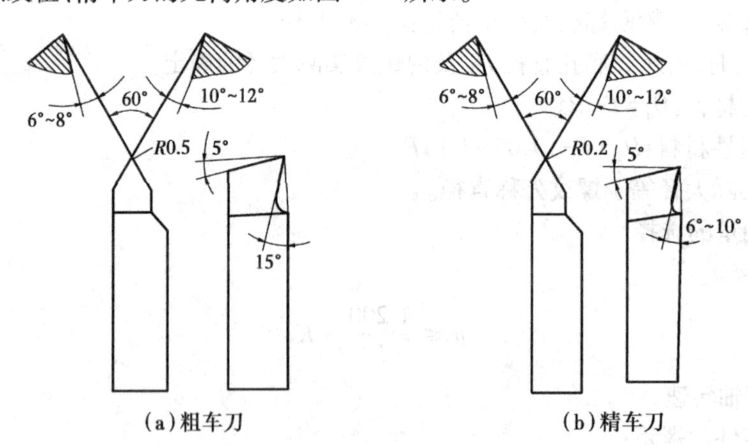

(a)粗车刀　　(b)精车刀

图 2.17　高速钢螺纹粗、精车刀几何角度示意图

(2)硬质合金螺纹车刀的几何角度

硬质合金螺纹车刀的几何角度如图 2.18。

(二)编程基本知识

1.等螺距螺纹切削 G32

(1)格式:G32 X(U)Z(W)F;(公制螺纹)

G32 X(U)Z(W)I;(英制螺纹)

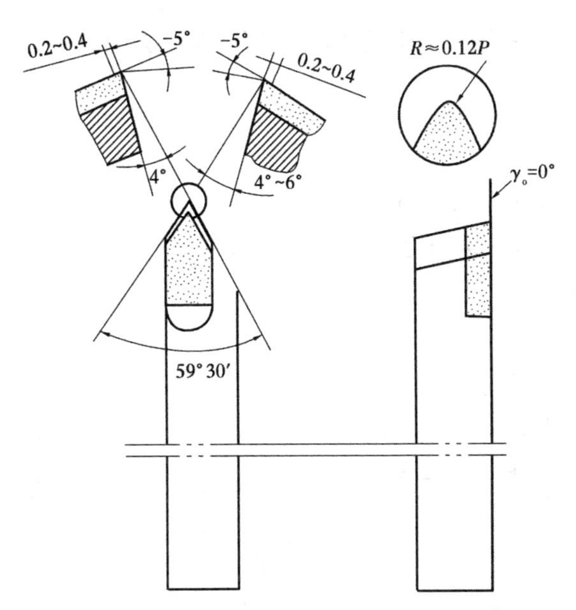

图 2.18　硬质合金螺纹车刀的几何角度示意图

其中：

F：公制螺纹的导程/螺距，其取值范围：0.001~500 mm；

I：英制螺纹的牙数，其取值范围：0.06~254 000 牙/in；

X(U)、Z(W)：螺纹的终点坐标。

(2) G32 切削螺纹的走刀路线

G32 切削螺纹的走刀路线如图 2.19 所示。

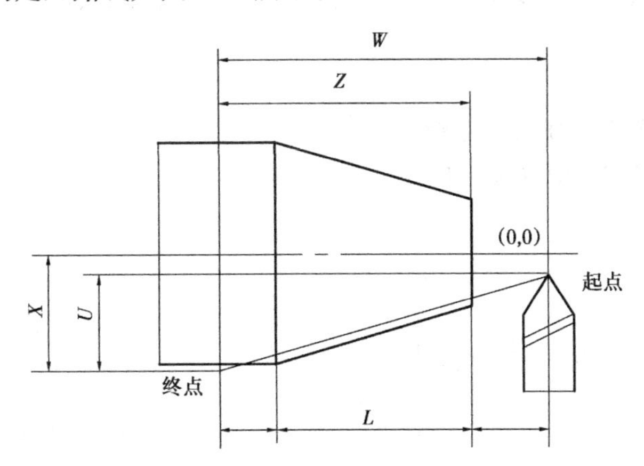

图 2.19　G32 切削螺纹走刀路线

①螺纹有效长度 L 前增加一个导程以上的长度 δ_1。

②螺纹有效长度 L 后增加半个导程以上的长度 δ_2。

注意：

①在切削螺纹时，进给倍率无效。

②在切削螺纹过程中，进给保持功能无效，当按了进给保持键，将在执行完切削螺纹状态后的第一个非螺纹程序段中，才执行暂停功能。

③在使用 G32 切削螺纹过程中不能指定倒角，即螺纹收尾功能。

④在切削加工螺纹时，不能改变主轴的转速，同时每一刀的起点必须相同，否则会产生乱扣的现象。

2.螺纹切削循环 G92

(1)直螺纹切削时

格式：G92 X(U)Z(W)F；(公制螺纹)

G92 X(U)Z(W)I；(英制螺纹)

走刀路线如图 2.20 所示。

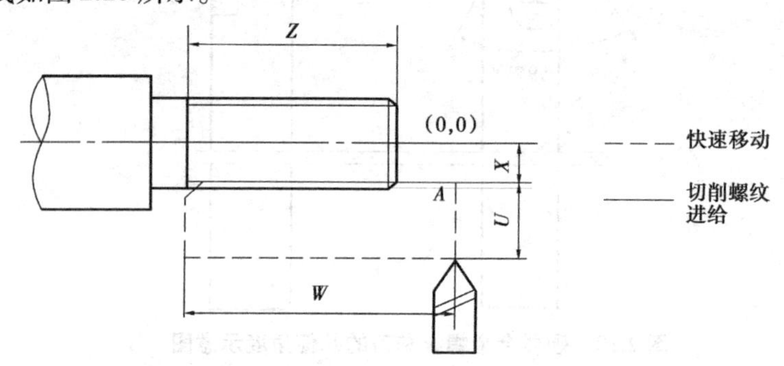

图 2.20　螺纹切削循环 G92 直螺纹切削时走刀路线

其中：

①关于螺纹切削的特点及注意事项与 G32 指令相同。

②当进行英制螺纹切削时，“*I*”值的指令是非模态的，不能省略，后面每一条循环指令都必须输入“*I*”值。

③在螺纹切削循环中按了保持键后，只有在完成了一切削螺纹的一个循环后，才实现暂停功能。

(2)圆锥螺纹切削时

格式：G92 X(U)Z(W)RF；(公制螺纹)

G92 X(U)Z(W)RI；(英制螺纹)

走刀路线如图 2.21 所示。

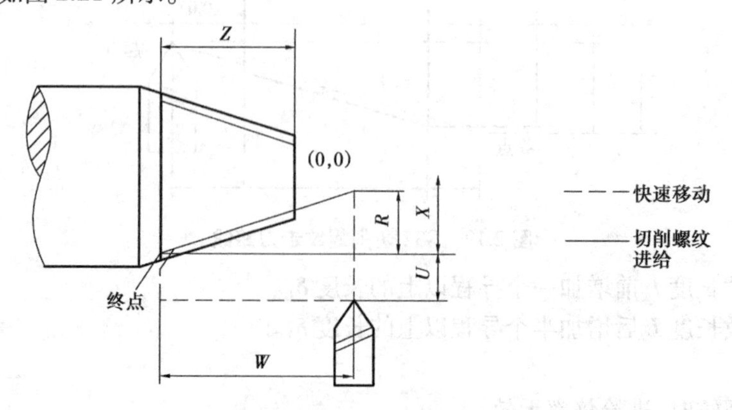

图 2.21　螺纹切削 G92 圆锥螺纹切削时走刀路线

其中：

R 为圆锥螺纹在切削长度下，大径与小径在半径上的差值，其方向与 *U* 同向，有正负值。

三、零件加工参考程序

零件加工参考程序见表 2.30。

表 2.30　零件加工参考程序

加工程序	程序说明
O0007	零件程序名
G00 X100 Z100	快速定位到安全换刀点
M12	夹紧卡盘
M03 S800	主轴正转,转速 800 r/min
M08	开冷却液
T0101	选定 01 号刀(外圆车刀)
G00 X14 Z2	快速移动到第一刀切削点,并定位
G01 Z0 F100	倒角,车螺纹前外圆柱直径为 17.75 mm
G01 X17.75 Z-2	
G01 Z-15	车外圆柱
G00 X100 Z100	快速定位到安全换刀点
T0202	换 02 号刀(螺纹车刀)
G00 X20 Z3	定位到螺纹加工起点,并在螺纹有效长度前增加 3 mm
G92 X17 Z-12 F2.5	切削螺纹加工,第一刀切深 1.0 mm
X16.3	第二刀切深 0.7 mm
X15.7	第三刀切深 0.6 mm
X15.3	第四刀切深 0.4 mm
X14.9	第五刀切深 0.4 mm
X14.75	第六刀切深 0.15 mm
G00 X100 Z100	快速定位到安全换刀点
T0100 M05	取消 1 号刀刀补,主轴停止
M09	关冷却液
M13	松开卡盘
M30	程序结束

活动四　加工执行

一、加工执行过程

①指导教师分析加工工艺，讲解加工方法和程序的编写方法。

②学生根据加工工艺要求，编写加工程序，并把程序输入机床。

③利用图形显示功能对程序进行模拟和校验，图形模拟时要注意接通机床锁住键及 STM 辅助功能锁住键。

④夹紧零件；按程序指定的刀位，安装好刀具。

⑤调整好主轴转速。

⑥应用试切对刀法进行对刀，将 01 号刀（外圆车刀）、02 号刀（螺纹号刀）对准，同时把工件坐标设定在工件的第一端面处，并正确将刀具补偿参数输入对应的刀号位置上。如图 2.22 所示。

a.对刀时刀位点的选择如图 2.22（a）所示。

b.三角螺纹车刀试车对刀的位置选择

X 方向的对刀位置可以直接利用刀尖点（刀位点）试切外圆，如图 2.22（b）所示。

Z 方向的对刀位置由于刀尖点不能试切到端面，所以把其刀尖点移动到要试切的端面外，利用目测法让它们对齐，则该处即作为 *Z* 轴方向的对刀位置，如图 2.22（c）所示。

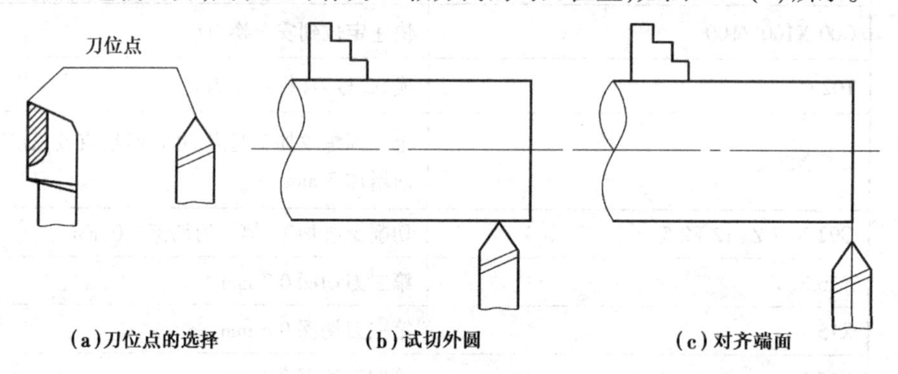

（a）刀位点的选择　　（b）试切外圆　　（c）对齐端面

图 2.22　试切对刀法进行对刀

⑦选择自动方式，并按亮单段运行；将快进倍率调到 25%，进给倍率调到 50%左右；按位置键使显示屏显示坐标及程序页面；按循环启动键后手点住进给保持键，观察刀具与工件的位置，并在刀具快碰到工件前暂停一下，对比当前刀具与工件的位置与坐标值是否一致，如果正确，就把快进、进给倍率调好，将单段运行灯熄灭，再按循环启动键，进行自动加工；如果发现刀具与工件的位置有误，则必须重新对刀再加工。

二、实训操作注意事项

①要求学生单人操作，不允许多人操作。

②要求学生注意主轴转速、每刀进给量的合理选择。

③正确安装螺纹刀。

④特别注意螺纹刀的对刀操作，学生对刀操作完成后，指导教师必须进行验证检查。

活动五　加工质量检测

学生通过检测,完成下面外螺纹轴零件加工质量表(表 2.31),并进行质量分析。

表 2.31　外螺纹轴工件加工质量表

检测项目	测量工具	尺寸精度	实际测量值	是否合格	表面粗糙度值	是否合格	备注
大径	游标卡尺 千分尺	$\phi18$					
中径	游标卡尺 千分尺	$\phi17.026$					
螺距	游标卡尺	2.5					
质量分析							

活动六　任务评价

外螺纹轴任务评价见表 2.32。

表 2.32　外螺纹轴任务评价表

课题	光轴加工	零件编号		学生姓名		班　级	
检查项目		序号	检查内容	配分	自评分	小组评分	教师评分
基本检查	编程	1	切削加工工艺制订正确	5			
		2	切削用量选择合理	5			
		3	程序正确、简单、规范	5			
	操作	4	设备操作、维护保养正确	5			
		5	工件找正、安装正确、规范	5			
		6	刀具选择、安装正确、规范	5			
		7	安全文明生产	5			
	工作态度	8	行为规范、遵守纪律	5			
零件质量	大径	9	$\phi18$	20			
	中径	10	$\phi17.026$	20			
	螺距	11	2.5	20			
总分							
综合评价							

活动七　任务拓展

多重螺纹切削循环 G76

前面介绍的 G92 螺纹切削循环是一个单一的固定循环,每一程序段只能完成一刀的螺纹切削。而多重螺纹切削循环 G76 是一个复合循环,在其程序段中设置好螺纹的各项参数后,系统会自动完成整条螺纹的加工。

一、G76 的格式:

G76 P(m) (r) (a) Q(apmin) R(ap 精);

G76 X(U) Z(W) R(i) P(k) Q(apmin) F(L)

其中:

m:精加工次数(01~99),为模态值;

r:螺纹退尾倒角量,数值为 01~99,为模态值;

a:螺纹刀具的刀尖角,也是螺纹的牙型角,为模态值;

ap_{min}:螺纹切削时,粗加工的最小切削深度,由半径指定;

$ap_{精}$:精车螺纹时每刀的切削深度,由半径指定;

$X(U)$ $Z(W)$:螺纹加工的终点坐标;

i:螺纹两端的半径差,$i=0$ 为圆柱螺纹,可省略;

k:螺纹的牙高,半径值;

ap_{max}:粗车螺纹时第一刀的切削深度,由半径指定;

L:加工螺纹的导程,单线时为螺纹的螺距。

二、G76 螺纹切削循环的走刀线路

G76 螺纹切削循环的走刀线路如图 2.23 所示。

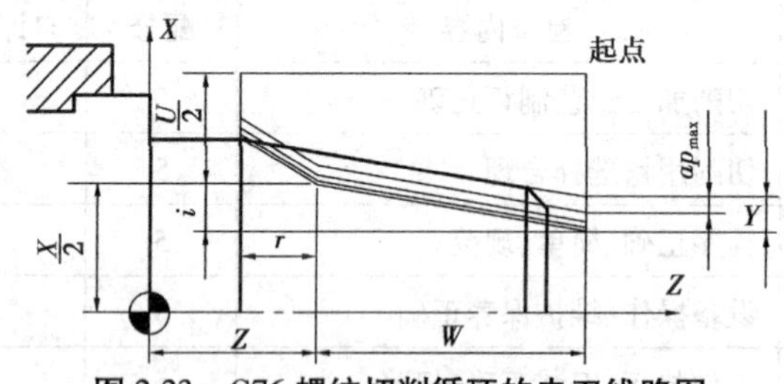

图 2.23　G76 螺纹切削循环的走刀线路图

三、G76 螺纹切削循环的进刀线路

使用 G76 螺纹切削循环切削螺纹时,是单边切削法进刀的,与 G32、G92 直进法切削螺纹不同,如图 2.24 所示。

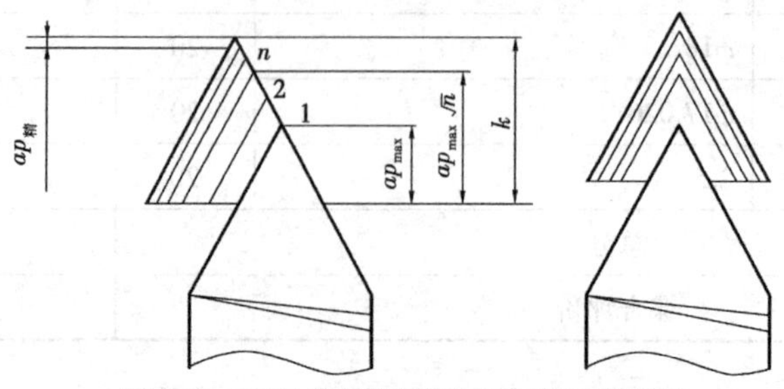

图 2.24　G76 螺纹切削循环的进刀线路图

G76 螺纹切削循环加工螺纹时，第一刀的切削深度为 ap_{max}，也是切削深度最大的一刀，后面每刀的切深会逐步减小。

四、G76 螺纹切削实例

(一)单线螺纹车削

单线螺纹车削见表 2.33。

表 2.33　单线螺纹车削表

编程实例图	刀具表		
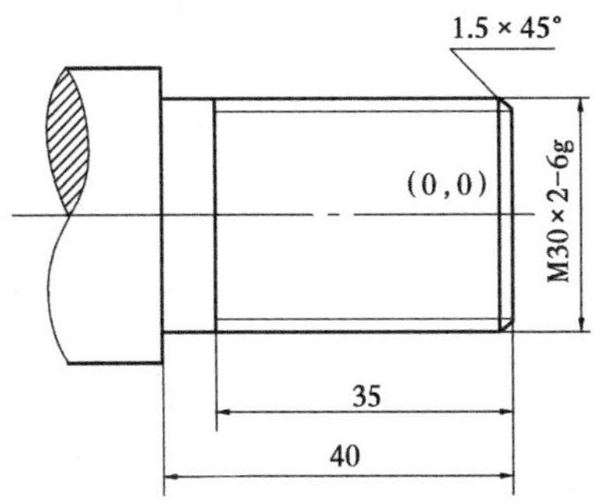 1.5×45° (0,0) M30×2-6g 35 40	T01	90°外圆车刀	
	T02	螺纹车刀	
	切削用量		
		外圆切削	螺纹加工
	主轴转速 *S*	650 r/min	400 r/min
	进给量 *F*	120 mm/min	
	切削深度	< 2 mm	

加工程序	程序说明
O0008	零件程序名
⋮	
G00 X100 Z100	快速退刀到安全换刀点
M03 S400	主轴正转，转速 400 r/min
T0202	调用 02 号螺纹刀
G00 X32 Z6	快速移动到螺纹加工的起点
G76 P020060 Q100 R0.1	精车两刀，不设收尾长度，牙型角 60°，粗车最小切深 $Q100=0.1$ mm，精车每刀 0.1 mm
G76 X27.4 Z-35 P1200 Q350 F2	牙高 $P_{1200}=1.2$ mm，粗车第一刀 $Q_{350}=0.35$ mm，单线螺距 2 mm
G00 X100 Z100	快速退刀到安全换刀点
T0200 M05	取消 2 号刀刀补，主轴停止
M09	关冷却液
M13	松开卡盘
M30	程序结束

(二)多线螺纹车削

多线螺纹车削见表 2.34。

表 2.34　多线螺纹车削表

编程实例图	刀具表	
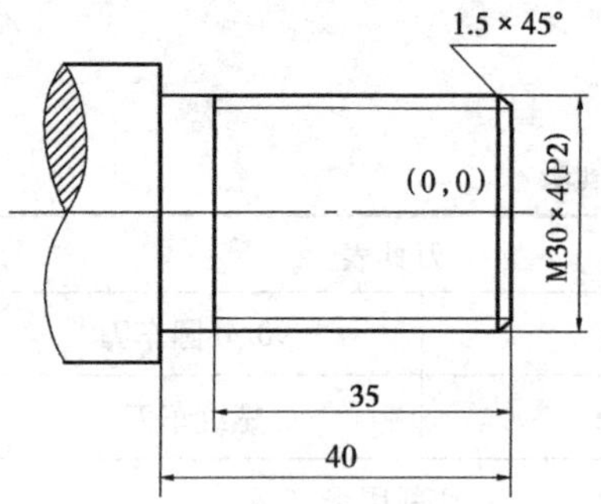 1.5×45° (0,0) M30×4(P2) 35 40	T01	90°外圆车刀
	T02	螺纹车刀

切削用量		
	外圆切削	螺纹加工
主轴转速 S	650 r/min	450 r/min
进给量 F	120 mm/min	
切削深度	<2 mm	

加工程序	程序说明
O0010	零件程序名
⋮	
G00 X100 Z100	快速退刀到安全换刀点
M03 S450	主轴正转,转速 450 r/min
T0202	调用 02 号螺纹刀
G00 X32 Z8	快速移动到螺纹加工的起点
G76 P020060 Q100 R0.1	精车两刀,不设收尾长度,牙型角 60°,粗车最小切深 $Q_{100}=0.1$ mm,精车每刀 0.1 mm
G76 X27.4 Z-35 P1200 Q350 F4	牙高 $P_{1200}=1.2$ mm,粗车第一刀 $Q_{350}=0.35$ mm,双线导程 4 mm
G01 X32 Z6	偏移一个螺距
G76 P020060 Q100 R0.1	车第二条螺纹,参数与第一条螺纹相同
G76 X27.4 Z-35 P1200 Q350 F4	
G00 X100 Z100	快速退刀到安全换刀点
T0200 M05	取消 2 号刀刀补,主轴停止
M09	关冷却液
M13	松开卡盘
M30	程序结束

【课后练习】

编程完成如下图所示零件的车削加工,工件毛坯为 $\phi26\times45$ 的 45 钢材料。

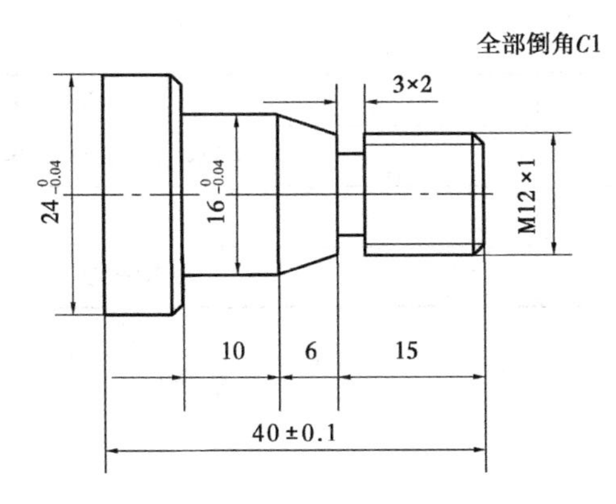

任务七　轴的综合加工

【实训目标】

知识目标	1.能识记轴类零件图 2.知道轴类零件的程序编写 3.知道轴类零件的检测
技能目标	1.能看懂轴类零件图 2.能正确编写轴类零件的加工程序 3.能正确进行多把刀的对刀操作 4.能正确检测轴类零件的精度
态度目标	遵守操作规程、养成文明操作、安全操作的良好习惯

【实训准备】

序　号	名　称	规　格	数　量	备　注
1	千分尺	0~25 mm	1	
2	千分尺	25~50 mm	1	
3	游标卡尺	0~150 mm	1	
4	钢直尺	0~150 mm	1	
5	圆锥量规		1	
6	万能角度尺		1	
7	螺纹量规		1	
8	螺纹千分尺		1	
9	刀具	外圆车刀(偏刀)	1	
		切槽刀	1	
		外螺纹车刀	1	
10	其他辅具	1.刀台扳手、卡盘扳手		
		2.垫刀片若干		

续表

序　号	名　称	规　格	数　量	备　注
11	材料	45 钢，ϕ45×83 圆棒		
12	数控车床			
13	数控系统	GSK980TDc		

活动一　加工任务

综合轴加工任务见表 2.35。

表 2.35　综合轴加工任务表

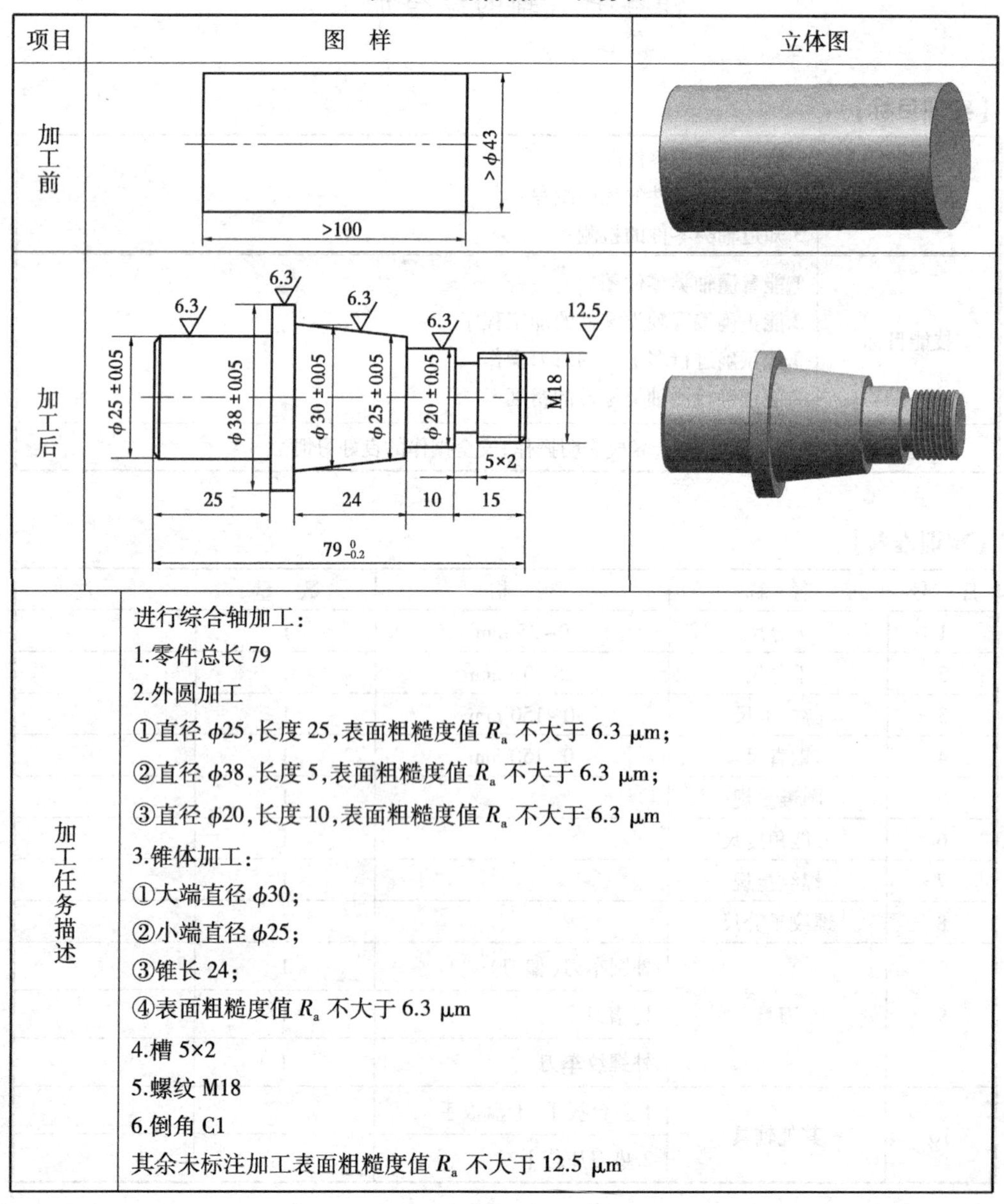

项目	图　样	立体图
加工前		
加工后		
加工任务描述	进行综合轴加工： 1.零件总长 79 2.外圆加工 ①直径 ϕ25，长度 25，表面粗糙度值 R_a 不大于 6.3 μm； ②直径 ϕ38，长度 5，表面粗糙度值 R_a 不大于 6.3 μm； ③直径 ϕ20，长度 10，表面粗糙度值 R_a 不大于 6.3 μm 3.锥体加工： ①大端直径 ϕ30； ②小端直径 ϕ25； ③锥长 24； ④表面粗糙度值 R_a 不大于 6.3 μm 4.槽 5×2 5.螺纹 M18 6.倒角 C1 其余未标注加工表面粗糙度值 R_a 不大于 12.5 μm	

活动二　加工任务分析

综合轴加工任务分析见表 2.36。

表 2.36　综合轴加工任务分析表

加工结构	尺寸标注	尺寸精度(尺寸范围)	表面粗糙度	备　注
端面 (左右)	无	无	R_a 不大于 12.5 μm	两端余量约 1 mm
零件总长	79	79.0~79.20	无	
外圆 ϕ25	直径 ϕ25	ϕ 24.95~ϕ 24.05	R_a 不大于 6.3 μm	长度采用自由公差
	长度 25			
外圆 ϕ38	直径 ϕ38	ϕ 37.95~ϕ 38.05	R_a 不大于 6.3 μm	长度采用自由公差
	长度 5			
外圆 ϕ20	直径 ϕ20	ϕ 19.95~ϕ 20.05	R_a 不大于 6.3 μm	长度采用自由公差
	长度 10			
槽 5×2	宽度 5			采用自由公差
	深度 2			
锥体	大端 ϕ30	ϕ29.95~ϕ30.05	R_a 不大于 6.3 μm	
	小端 ϕ25	ϕ24.95~ϕ25.05		
	锥长 24			采用自由公差
螺纹	M18	公称直径(大径)ϕ18 中径:ϕ17.026 实际小径:ϕ14.75 螺距:2.5		
倒角	倒角 C1	1×45°		
其他			R_a 不大于 12.5 μm	

活动三　加工工艺与程序编制

一、确定加工方案及加工工艺路线

(一)确定加工方案

零件毛坯 ϕ45×83,零件加工后长度约为 79 mm 的综合轴,长度方向有约 4 mm 余量,故要先平端面。并且阶台轴是中间大(大直径),两端小(小直径),故采用两端分别加工的方法进行加工(分两次进行装夹),工件较短可直接采用三爪卡盘装夹工件,先夹一端,用端面车刀(偏刀)手动车端面,自动车阶台,然后调头装夹,利用端面车刀(偏刀)手动车另一端面,自动

加工外圆、锥体、槽和螺纹。由于加工结构较多、较复杂,可用 G71 和 G70 指令进行加工。

(二)加工工艺路线

先加工零件左边部分(ϕ38 和 ϕ25),然后调头安装,加工右边部分。

①夹持零件,伸出卡盘长度约 40 mm,找正并夹紧。

②手动车端面。

③对刀。

④自动加工零件一端(ϕ38 和 ϕ25),并控制好尺寸精度。

⑤调头,夹持零件已加工好的 ϕ25 表面(为保护已加工表面,安装时可加铜皮作保护),利用 ϕ38 阶台靠卡盘端面。

⑥手动车另一端面,控制好零件总长度。

⑦对刀。

⑧用外圆车刀自动加工外圆、锥体。

⑨用切槽刀自动加工槽。

⑩用螺纹车刀自动加工螺纹。

⑪检测。

二、相关理论知识

在车削加工综合轴时,由于既要考虑走刀路线较短,又要安排先粗后精的加工工艺,如果还是利用 G01 和 G90 来进行编程,程序段将会较多,同时在编制形状复杂的阶台轴时,将增加手工编程的难度。故可利用 G71 和 G70 指令来进行编程,G71 只需要编制出零件轨迹的精加工程序,便可以自动地完成加工轨迹的粗加工,同时再利用 G70 调用精加工轨迹程序,又可以完成零件的精加工,这将大大地简化程序和手工编程的工作量,从而提高生产率。

(一)轴向粗车循环 G71

格式:G71 U(Δd) R(e);

G71 P(ns) Q(nf) U(Δu) W(Δw) F(f) S(s) T(t);

N(ns) G00/G01 X(U)…;

…;

…;

N(nf)…;

其中:

Δd:每一刀的切削深度,无符号,半径值;

e:切削每一刀后 X 方向的退刀量;

n_s:精加工程序段群起始程序段的顺序号;

n_f:精加工程序段群最后程序段的顺序号;

Δu:X 轴方向精加工余量的大小及方向,直径值;

Δw:Z 轴方向精加工余量的大小及方向;

f、s、t:在 $G71$ 加工循环中,精加工程序段的 f、s、t 功能均无效,只执行 G71 程序段中指定的 f、s、t;而精加工程序段中的 f、s、t 则在执行 G70 时起作用。

移动路线如图 2.25 所示。

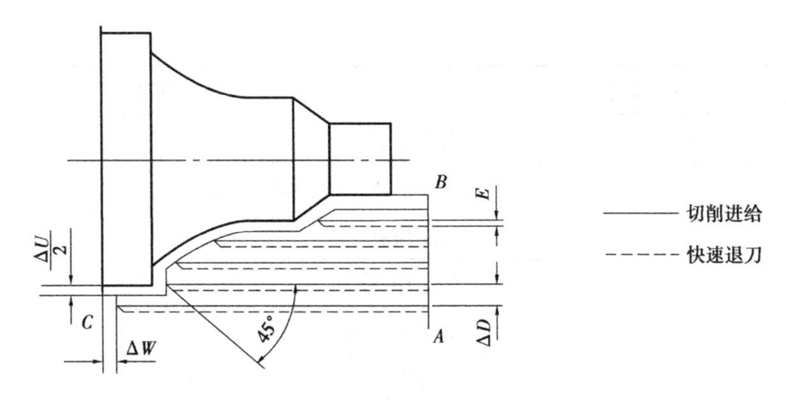

图 2.25　轴向粗车循环移动路线

注：

①切深方向由 $A \to B$ 方向决定，所以在应用 G71 时要注意阶台轴的形状，在 X 轴方向只能从 $B \to C$ 单调增大或单调减少，也就是说如果阶台轴有凹下的形状（如槽形）时，就不能用 G71 进行粗加工了。

②在 G71 粗加工中无论 $A \to B$ 或 $B \to C$ 的方向如何，刀具都是根据 AC 的方向沿着 Z 轴进行切削进给，把余量均匀了以后，最后再走一刀轮廓加工。

③精加工程序段群的起始程序段，即从 A 移动到 B（n_s 程序段），可以用 G00 或 G01 指令，但其坐标移动中只能指令 X 轴，不能含有 Z 轴的指令。

④在精加工程序段群中，n_s 和 n_f 指定的顺序号必须与 G71 中的 P、Q 指定的相对应，而其余精加工程序段可以省去顺序号。

⑤在精加工程序段群中，不能使用加工循环指令，更不能使用 M98 来调用子程序。

⑥Δu 精加工余量，为一个矢量，一般在加工外圆时为正值，镗孔加工时 Δu 为负值。

（二）精车循环 G70

格式：G70 P(ns) Q(nf)；

其中：

n_s：精加工程序段群起始程序段的顺序号。

n_f：精加工程序段群最后程序段的顺序号。

注：

①在 G70 调用精加工程序段群进行精加工中，均按 n_s 和 n_f 之间程序段所指令的 f、s、t 来执行，而 G71 中所指令的对 G70 则无效。

②G70 前一个程序段所指令的坐标点既是 G70 精加工的起点，也是 G70 完成精加工后的终点，所以必须注意选择好此点，以避免刀具与工件或机床产生干涉。

三、零件加工参考程序

①车左边部分（ϕ38 和 ϕ25）程序车左边部分程序见表 2.37。

表 2.37　零件加工参考程序

加工程序（左边部分）	程序说明
O0011	零件程序名
G00 X100 Z100	快速定位到安全换刀点

续表

加工程序(左边部分)	程序说明
M12	夹紧卡盘
M03 S800	主轴正转,转速 800 r/min
M08	开冷却液
T0101	选定 01 号刀
G00 X45 Z2	快速定位,接近工件
G71 U1 R1	每刀切深 1 mm,*X* 方向退刀 1 mm
G71 P10 Q20 U1 W0.03 F150	调用精加工程序段,*X* 方向留 1 mm 余量,*Z* 方向留 0.03 mm,粗加工进给速度为 150 mm/min
N10 G00 X24	快速定位到精加工起点
G01 Z0 F100	切削进给靠近工件
X25 Z-1	倒角
Z-25	车 ϕ25 外圆
X38	车 ϕ38 外圆(为防调头加工出现接刀痕,加工长度为 31 mm)
N20 Z-31	
G00 X100 Z100	快速退刀到安全换刀点
M05	主轴停止
M00	暂停
T0202	换 02 号精车刀
M03 S1000	主轴正转,转速 1 000 r/min
G70 P10 Q20	调用精加工程序段进行精加工
G00 X100 Z100	快速退刀到安全换刀点
T0100 M05	取消 1 号刀刀补,主轴停止
M09	关冷却液
M13	松开卡盘
M30	程序结束

②车右边部分程序(工件调头装夹)见表 2.38。

表 2.38 零件加工参考程序

加工程序(左边部分)	程序说明
O0012	零件程序名
G00 X100 Z100	快速定位到安全换刀点
M12	夹紧卡盘

续表

加工程序(左边部分)	程序说明
M03 S800	主轴正转,转速 800 r/min
M08	开冷却液
T0101	选定 01 号刀
G00 X45 Z2	快速定位,接近工件
G71 U1 R1	每刀切深 1 mm,X 方向退刀 1 mm
G71 P10 Q20 U1 W0.03 F150	调用精加工程序段,X 方向留 1 mm 余量,Z 方向留 0.03 mm,粗加工进给速度为 150 mm/min
N10 G00 X17	快速定位到精加工起点
G01 Z0 F100	切削进给靠近工件
X17.7 Z-1	倒角(螺纹部分外圆应小 0.3 mm)
Z-15	车 ϕ18 外圆(实际直径小 0.3 mm)
X20	车 ϕ20 外圆
Z-25	
X25	车锥度
X30 Z-69	
N20 X38	
G00 X100 Z100	快速退刀到安全换刀点
M05	主轴停止
M00	暂停
T0202	换 02 号精车刀
M03 S1000	主轴正转,转速 1 000 r/min
G70 P10 Q20	调用精加工程序段进行精加工
GOO X100 Z100	快速退刀到安全换刀点
M05	主轴停止
T0303	换 03 号刀(切槽刀)
M03 S600	主轴正转,转速 600 r/min
G00 X22 Z-15	快速定位
G01 X14 F20	切槽加工
X22	退刀
G00 X100 Z100	快速退刀到安全换刀点
M05	主轴停止

续表

加工程序(左边部分)	程序说明
T0404	换 04 号刀(螺纹刀)
M03 S500	主轴正转,转速 500 r/min
G00 X20 Z3	快速定位
G92 X17 Z-12 F2.5	切削螺纹加工,第一刀切深 1.0 mm
X16.3	第二刀切深 0.7 mm
X15.7	第三刀切深 0.6 mm
X15.3	第四刀切深 0.4 mm
X14.9	第五刀切深 0.4 mm
X14.75	第六刀切深 0.15 mm
G00 X100 Z100	快速退刀到安全换刀点
T0100 M05	取消 1 号刀刀补,主轴停止
M09	关冷却液
M13	松开卡盘
M30	程序结束

活动四　加工执行

一、加工执行过程

①指导教师分析加工工艺,讲解加工方法和程序的编写方法。

②学生根据加工工艺要求,编写加工程序,并把程序输入机床。

③利用图形显示功能对程序进行模拟和校验,图形模拟时要注意接通机床锁住及 STM 辅助功能锁住键。

④夹紧零件;按程序指定的刀位,安装好刀具。

⑤调整好主轴转速。

⑥应用试切对刀法进行对刀,并把刀具补偿参数正确地输入对应的刀号位置上。

⑦选择自动方式,并按亮单段运行;将快进倍率调到 25%,进给倍率调到 50%左右;按位置键使显示屏显示坐标及程序页面;按循环启动键后手点住进给保持键,观察刀具与工件的位置,并在刀具快碰到工件前暂停一下,对比当前刀具与工件的位置与坐标值是否一致,如果正确,就把快进、进给倍率调好,将单段运行灯按灭,再按循环启动键,进行自动加工;如果发现刀具与工件的位置有误,则必须重新对刀再加工。

二、实训操作注意事项

①调头安装工件时,可用铜皮包住工件夹持部位,以免夹伤工件,必须夹紧并进行找正。
②要求学生单人操作,不允许多人操作。
③要求学生注意切削转速,吃刀深度及进给速度的合理选择。
④工件调头安装后,必须重新进行对刀操作,然后再进行加工。
⑤注意多把刀的对刀方法,要求每把刀都要进行对刀操作。

活动五　加工质量检测

学生通过检测,完成下面综合轴零件加工质量表(表 2.39),并进行质量分析。

表 2.39　综合轴零件加工质量表

检测项目	测量工具	尺寸精度	实际测量值	是否合格	表面粗糙度值	是否合格	备注
零件总长	游标卡尺 千分尺	79.0~79.20					
端面	粗糙度量块	表面粗糙度			R_a 不大于 12.5 μm		
外圆	游标卡尺 千分尺 粗糙度量块	ϕ25×25(ϕ24.95~ϕ25.05)			R_a 不大于 6.3 μm		
		ϕ38×5(ϕ37.95~ϕ38.05)					
		ϕ20×10(ϕ19.95~ϕ20.05)					
锥体	圆锥量规 万能角度尺	大端直径 ϕ30; 小端直径 ϕ25; 锥长 24			R_a 不大于 6.3 μm		
槽	游标卡尺	5×2					
螺纹	螺纹量规 螺纹千分尺	公称直径(大径)ϕ18 中径:ϕ17.026 实际小径:ϕ14.75 螺距:2.5					
倒角		1×45°					
其他	粗糙度量块	表面粗糙度			R_a 不大于 12.5 μm		
质量分析							

活动六　任务评价

综合轴任务评价见表 2.40。

表 2.40 综合轴任务评价表

课题	综合轴加工	零件编号		学生姓名		班级	
检查项目		序号	检查内容	配分	自评分	小组评分	教师评分
基本检查	编程	1	切削加工工艺制订正确	5			
		2	切削用量选择合理	5			
		3	程序正确、简单、规范	5			
	操作	4	设备操作、维护保养正确	5			
		5	工件找正、安装正确、规范	5			
		6	刀具选择、安装正确、规范	5			
		7	安全文明生产	5			
	工作态度	8	行为规范、遵守纪律	5			
零件质量	零件总长	9	79	5			
	端面	10	表面粗糙度要求	5			
	外圆	11	$\phi25$	15			
		12	$\phi38$				
		14	$\phi20$				
	槽	15	5×2	5			
	锥体	16	大端 $\phi30$、小端 $\phi25$、锥长 24	10			
	螺纹	17	M18	15			
	倒角	18	C1	5			
总分							
综合评价							

【课后练习】

编程完成如下图所示零件的车削加工，工件毛坯为 $\phi26\times45$ 的 45 钢材料。

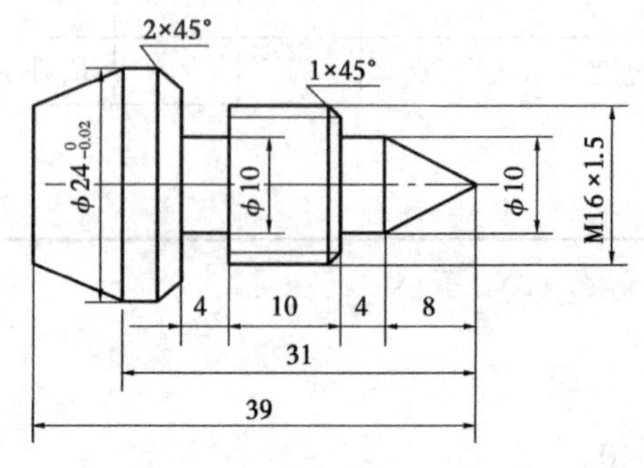

项目 3
套类零件编程与加工

任务一　圆柱孔加工

【实训目标】

知识目标	1.能识记圆柱孔零件图 2.能识记刀具的选择与安装 3.知道圆柱孔零件的程序编写 4.知道圆柱孔零件的质量检测分析
技能目标	1.能看懂圆柱孔零件图 2.能编写圆柱孔零件的加工程序 3.会正确分析加工质量
态度目标	遵守操作规程、养成文明操作、安全操作的良好习惯

【实训准备】

序　号	名　称	规　格	数　量	备　注
1	千分尺	0~25 mm	1	
2	千分尺	25~50 mm	1	
3	游标卡尺	0~150 mm	1	
4	钢直尺	0~150 mm	1	
5	刀具	端面车刀	1	
		麻花钻	1	
		内孔车刀	1	

续表

序　号	名　称	规　格	数　量	备　注
6	其他辅具	1.刀台扳手、卡盘扳手		
		2.垫刀片若干		
7	材料	45 钢(棒料)$\phi40\times38$		
8	数控车床			
9	数控系统	GSK980TDc		

活动一　加工任务

圆柱孔加工任务见表 3.1。

表 3.1　圆柱孔加工任务表

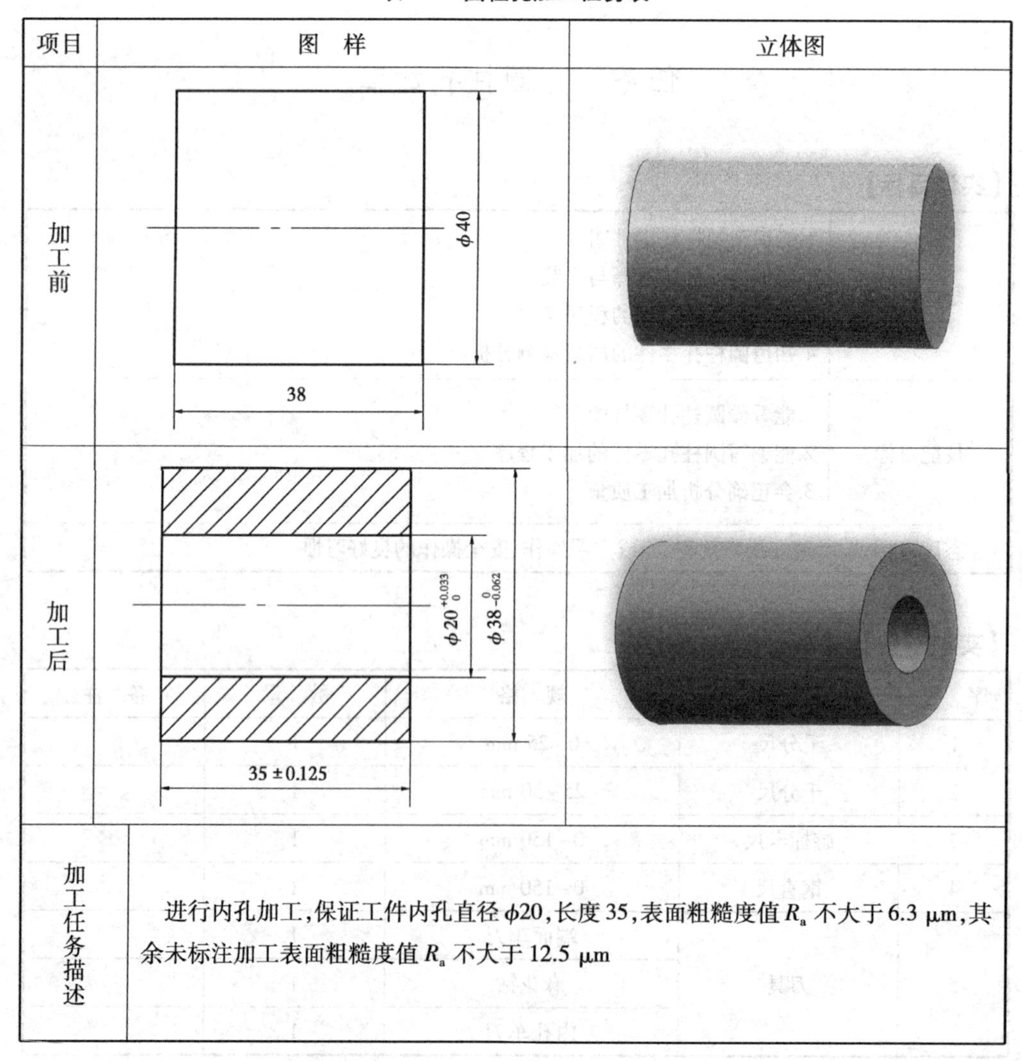

项目	图　样	立体图
加工前	$\phi40$；38	
加工后	$\phi20^{+0.033}_{0}$；$\phi38^{0}_{-0.062}$；35 ± 0.125	
加工任务描述	进行内孔加工，保证工件内孔直径 $\phi20$，长度 35，表面粗糙度值 R_a 不大于 6.3 μm，其余未标注加工表面粗糙度值 R_a 不大于 12.5 μm	

活动二　加工任务分析

圆柱孔加工任务分析见表3.2。

表3.2　圆柱孔内孔加工任务见表分析

加工结构	尺寸标注	尺寸精度(尺寸范围)	表面粗糙度	备　注
端面(左右)	无	无	R_a 不大于12.5 μm	
内孔	ϕ20	20.033~20	R_a 不大于6.3 μm	
零件总长	35	34.875~35.125	无	

活动三　加工工艺与程序编制

一、确定加工方案及加工工艺路线

(一)确定加工方案

零件加工后内孔直径ϕ20,长度为35 mm,工件毛坯ϕ40×38。可直接采用三爪卡盘装夹工件,用ϕ18的麻花钻钻通孔,再用端面车刀手动车端面,自动车内孔用外圆,然后调头装夹,用端面车刀手动车另一端面,自动车外圆。由于表面质量较高,粗车、精车应分开进行,粗加工单边加工量可选1 mm,单边可留0.3 mm左右精车余量。

(二)加工工艺路线

①夹持零件毛坯,找正并夹紧。

②钻通孔。

③手动车端面。

④对刀(外圆刀内孔刀)。

⑤自动加工外圆一端,并控制好尺寸精度。

⑥自动加工工件内孔。

⑦调头,夹持零件已加工好的表面。

⑧手动车另一端面,控制好零件总长度。

⑨对刀。

⑩自动加工外圆另一端,并控制好尺寸精度。

⑪检测。

二、相关知识

(一)麻花钻

1.麻花钻的分类

按照麻花钻的装夹方式可分为直柄麻花钻(图3.1)和锥柄麻花钻(图3.2)。按照麻花钻的材质不同可分为高速钢麻花钻和硬质合金麻花钻。

图3.1　直柄麻花钻

图3.2　锥柄麻花钻

2.麻花钻的组成

麻花钻的组成如图 3.3 所示。

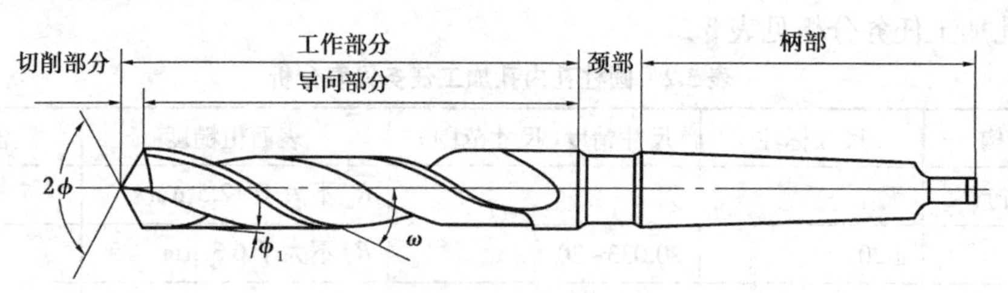

图 3.3　麻花钻的组成

①柄部:钻头的夹持部分,装夹时起定心作用,切削时起传递扭矩的作用。

②颈部:颈部是颈部和工作部分的连接部分。

③工作部分:工作部分是钻头的主要组成部分,由切削部分和导向部分组成,起切削和导向作用。

3.钻头的形状

钻头的形状如图 3.4 所示。

4.钻孔的方法

(1)在车床上安装麻花钻。

①用钻夹头安装。适用于安装直柄麻花钻。即将钻头安装在钻夹头上,然后再将钻夹头锥柄插入车床尾座套筒内即可。

②用莫氏锥套安装。当锥柄钻头的锥柄号码与车床尾座的锥孔号码相符时,锥柄麻花钻可以直接插入车床尾座套筒内。但是,如果两者的号码不同,就得使用莫氏锥柄变径套过渡,如图 3.5 所示。

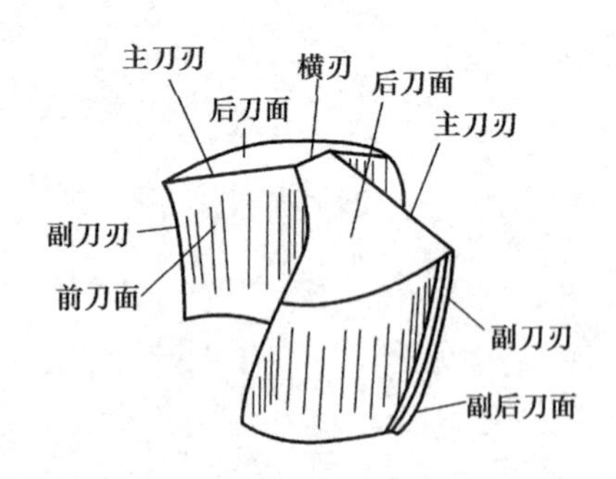

图 3.4　钻头的形状

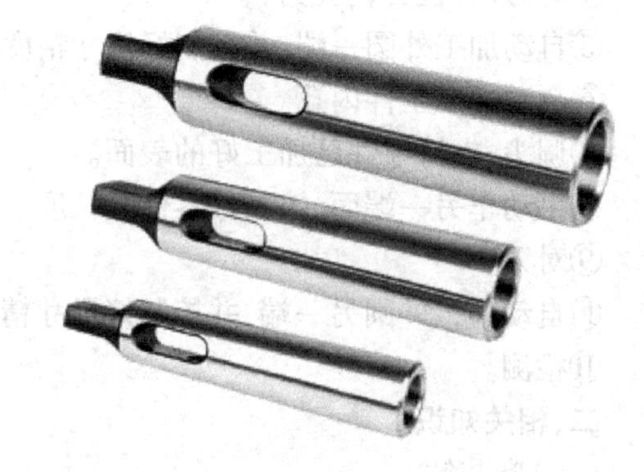

图 3.5　莫氏锥柄变径套

(2)钻孔的步骤

①选择符合孔径的外头。

②将外头装夹在尾座上。

③移动尾座至工件端面。

④锁紧尾座。

⑤钻孔至所需深度。

⑥退出外头。

(二)内孔车刀

不论锻孔、铸孔或经过钻孔的工件,一般都很粗糙,必须经过镗削等加工后才能达到图样的精度要求。

车内孔需要内孔车刀,其切削部分基本上与外圆车刀相似,只是多了一个弯头而已。

1.内孔车刀的种类

根据刀片和刀杆的固定形式,内孔车刀分为整体式和机械夹固式。

(1)整体式内孔车刀

整体式内孔车刀一般分为高速钢和硬质合金两种。高速钢整体式内孔车刀,其刀头、刀杆都是高速钢制成。硬质合金整体式内孔车刀,只是在切削部分焊接上一块合金刀头片,其余部分则是用碳素钢制成,如图3.6所示。

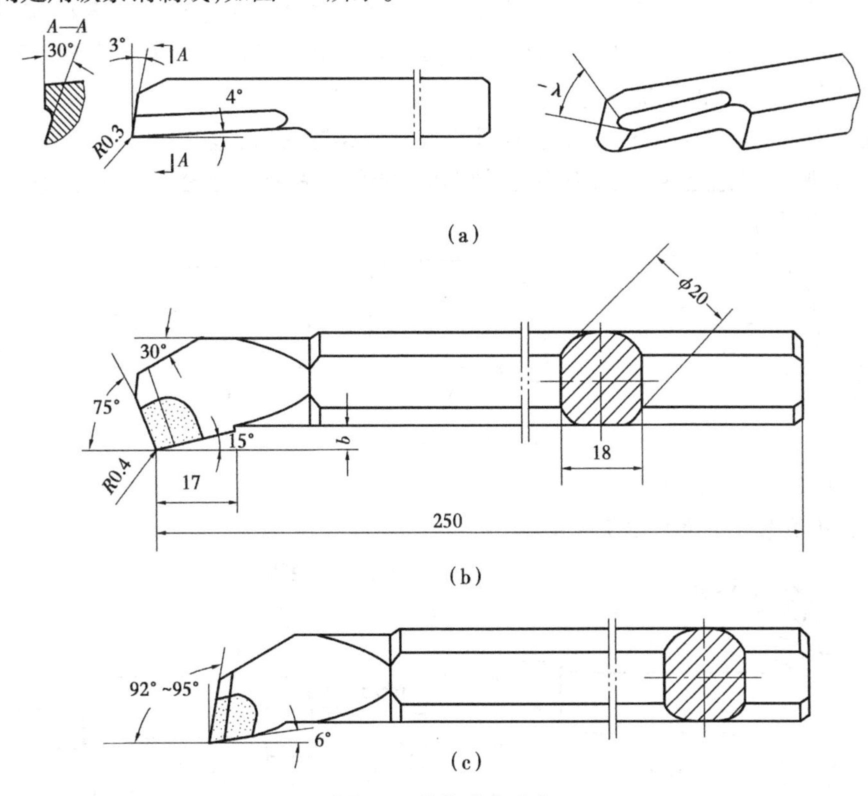

图3.6　整体式内孔车刀

(2)机械夹固式内孔车刀

机械夹固式内孔车刀由刀排、小刀头和紧固螺钉组成,其特点是能增强刀杆强度,节约刀杆材料,即可安装高速钢刀头,也可安装硬质合金刀头。使用时可根据孔径选择刀排,因此使用比较灵活方便,如图3.7所示。

根据主偏角分为通孔内孔车刀和盲孔内孔车刀:

①通孔内孔车刀。其主偏角取45°~75°,副偏角取10°~45°,后角取8°~12°。为了防止后面与孔壁摩擦,也可磨成双重后角。

②盲孔内孔车刀。其主偏角取90°~93°,副偏角取3°~6°,后角取8°~12°。

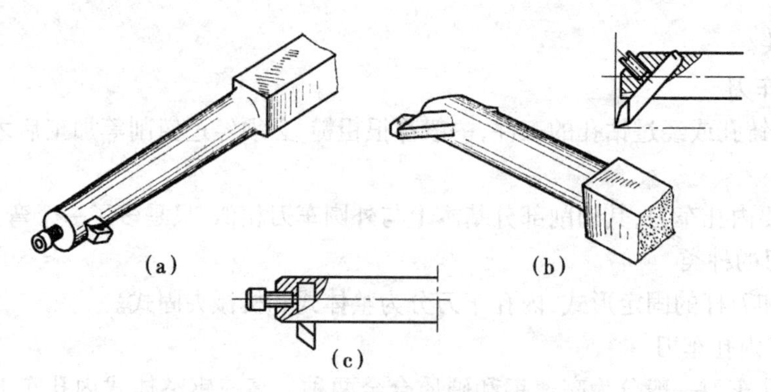

图 3.7　机械夹固式内孔车刀

2.内孔车刀卷屑槽方向的选择

当内孔车刀的主偏角为 45°~75°,在主刀刃方向磨卷屑槽,能使其刀刃锋利,切削轻快,在切削深度较深的情况下,仍能保持它的切削稳定性,故适用于粗车。如果在副刀刃方向磨卷屑槽,在切削深度较浅的情况下,能达到较好的表面质量。

当内孔车刀的主偏角大于 90°,在主刀刃的方向磨卷屑槽,它适宜于纵向切削,但切削深度不能太深,否则切削稳定性不好,刀尖容易损坏。如果在副刀刃方向磨卷屑槽,它适宜于横向切削,如图 3.8 所示。

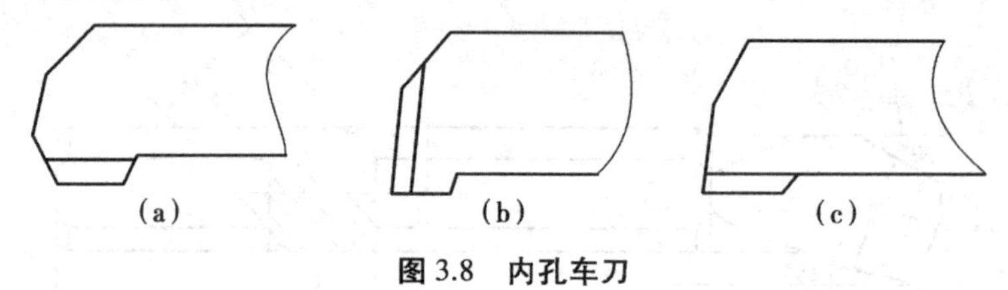

图 3.8　内孔车刀

3.确定内孔车刀刃磨步骤

内孔车刀刃磨步骤如图图 3.9 所示。

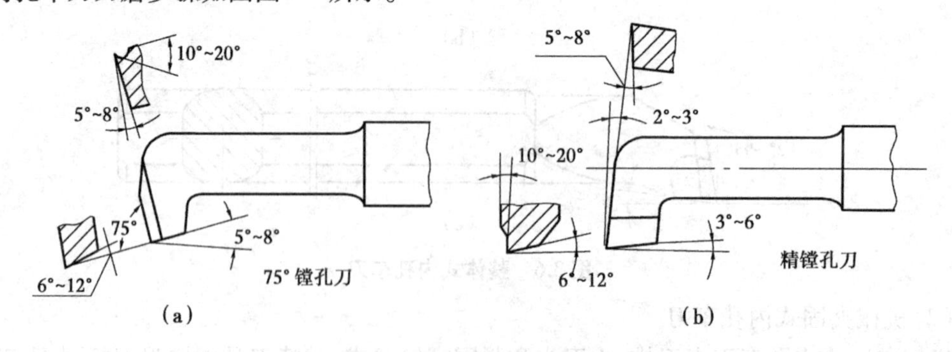

图 3.9　内孔车刀刃磨步骤

刃磨步骤见如表 3.3。

表 3.3　磨刀步骤

序号	工序名称	工序内容
1	粗磨前面	1.磨去前刀面焊渣 2.将前刀面磨平

续表

序号	工序名称	工序内容
2	粗磨主后面	1.磨去主后面焊渣 2.磨出主后角控制在<8°
3	粗磨副后面	1.磨去副后面焊渣 2.磨出主后角控制在<3°
4	精磨前面	1.将前刀面轻轻接触砂轮的圆角,以便磨出前角 2.磨出前角,一般为0°~15°
5	精磨主后面、副后面	后角一般为8°~12°
6	修磨刀尖圆弧	先将刀尖磨尖,然后再将刀尖轻轻地在砂轮上磨出$R0.4$~$R0.8$的圆弧

注意事项:

①刃磨卷屑槽前,应先修整砂轮边缘处使其成为小圆角。

②卷屑槽不能磨得太宽,以防镗孔时排屑困难。

③刃磨时注意带防护眼镜。

4.内孔车刀的装夹

内孔车刀装夹正确与否,直接影响到车削情况与孔的精度,内孔车在装夹时需要注意以下几点:

①装夹内孔车刀时,刀尖应与工件中心高度等高或稍高于工件中心。

②刀头伸出刀架不宜过长。一般比孔深长3~5 mm即可,以增加刀杆的强度。

③刀杆轴线要与工件轴线平行,否则刀杆易碰到内孔表面。

5.孔径测量

测量孔径尺寸通常采用内卡钳、塞规和内径百分表。目前对于精度较高的孔径都用内径表测量。

(1)用塞规测量

塞规由通端1,止端2和柄3组成(图3.10),通端按孔的最小极限尺寸制成,测量时应塞入孔内。止端按孔的最大极限尺寸制成,测量时不允许插入孔内。当通端塞入孔内,而止端插不进去时,就说明此孔尺寸是在最小极限尺寸与最大极限尺寸之间,是合格的。

(2)用内径百分表测量

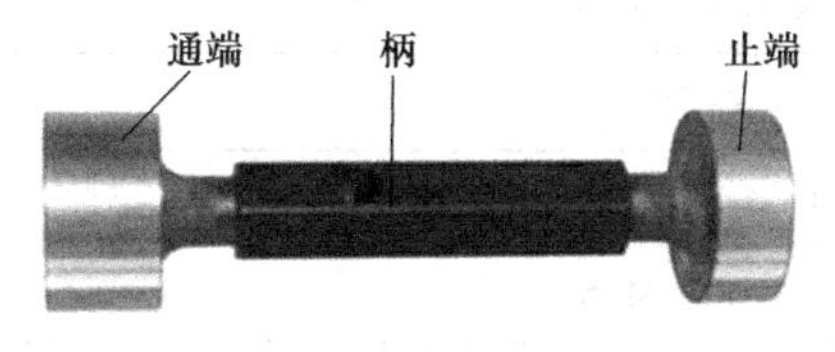

图3.10　塞规

①内径表的安装校正。在内径测量杆上安装表头时,百分表的测量头和测量杆的接触量一般为0.5 mm左右;安装测量杆上的固定测量头时,其伸出长度可以调节,一般比测量孔径大0.5 mm左右(可用卡尺测量);安装完毕后用千分尺来校正零位。

②内径表的使用与测量(图3.11)。内径百分表和百分尺一样是比较精密的量具,因此测量时先用卡尺控制孔径尺寸,留余量0.3~0.5 mm时再使用内径百分表;否则余量太大易损坏

内径表。测量中要注意百分表的读法，长指针逆时针过零为孔小，逆时针不过零为孔大，内径表上下摆动取最小值为实际值。

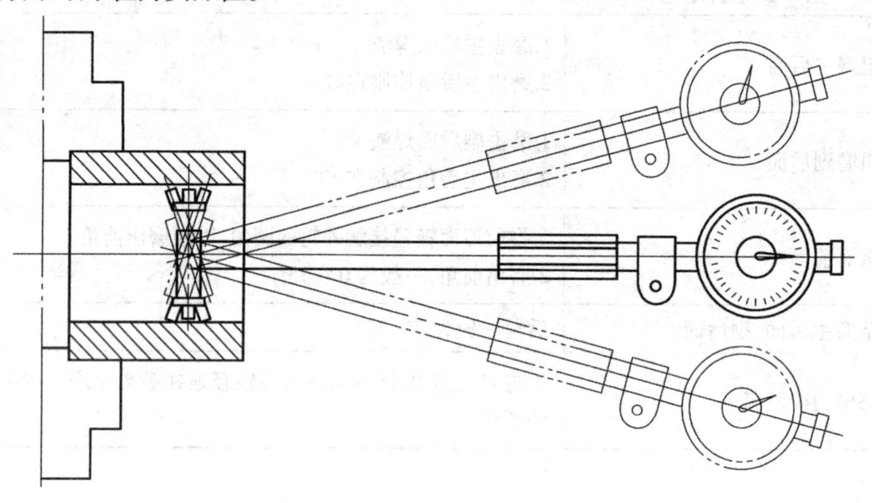

图 3.11　内径表的安装与使用

三、零件加工参考程序

零件加工参考程序见表 3.4。

表 3.4　零件加工参考程序

加工程序	程序说明
O0031	零件程序名
T0101	选定 01 号刀
G00 X100 Z100	快速定位到安全换刀点
M03 S500	主轴正转，转速 500 r/min
G00 X16 Z2	快速移动到循环加工起始点，并定位
G71 U1 R0.5 G71 P1 Q2 U0.3 F100	调用 G71 粗车循环，设置粗车进给速度 $F=100$ mm/min
N1 G01 X22 Z0	快速移动到第一刀切削点，并定位
X20.016 Z-1	内孔起始倒角
N2 Z-35	加工内孔
G00 X100 Z100	快速退刀到安全换刀点
T0100　M05	取消 1 号刀刀补，主轴停止
M30	程序结束

注：以上程序只加工零件的内孔部分，加工零件外圆部分请参照前面课程。

活动四　加工执行

一、加工执行过程

①指导教师分析加工工艺，讲解加工方法和程序的编写方法。

②学生根据加工工艺要求，编写加工程序，并录入完成程序校验。

③学生装夹工件、刀具，必须保证工件、刀具安装牢固。

④学生进行正确的对刀操作。

⑤按下自动加工按键，完成零件的加工。

⑥待加工结束后，先初步进行质量检测，然后再取下工件。

二、实训操作注意事项

①在学生实训前，指导教师应注意检查各限位开关是否正常，限位块位置是否合理，避免刀架与卡盘发生碰撞或丝杆脱位。

②要求学生单人操作，不允许多人操作。

③要求学生注意切削转速，吃刀深度及进给速度的合理选择。

④学生对刀操作完成后，指导教师必须进行验证检查。

⑤主轴开启时要求必须关闭防护门，要求学生养成良好的安全防范意识。

⑥主轴正反转转换时必须停转后再做转换操作。

活动五　加工质量检测

学生通过检测，完成下面圆柱孔零件加工质量表（表3.5），并进行质量分析。

表3.5　圆柱孔零件加工质量表

检测项目	测量工具	尺寸精度	实际测量值	是否合格	表面粗糙度值	是否合格	备注
工件总长	游标卡尺 千分尺	34.875～35.125					
内孔	内径百分表 千分尺 塞规						
质量分析							

活动六　任务评价

圆柱孔任务评价见表3.6。

表 3.6 圆柱孔任务评价表

课题	内孔加工	零件编号		学生姓名		班级	
检查项目		序号	检查内容	配分	自评分	小组评分	教师评分
基本检查	编程	1	切削加工工艺制订正确	5			
		2	切削用量选择合理	5			
		3	程序正确、简单、规范	5			
	操作	4	设备操作、维护保养正确	5			
		5	工件找正、安装正确、规范	5			
		6	刀具选择、安装正确、规范	5			
		7	安全文明生产	5			
	工作态度	8	行为规范、遵守纪律	5			
零件质量	零件总长	9	35	25			
	端面	10		15			
	内孔直径	11	$\phi20$	20			
总分							
综合评价							

【课后练习】

编程完成如下图所示零件的车削加工，工件毛坯为 $\phi28\times35$ 的 45 钢材料。

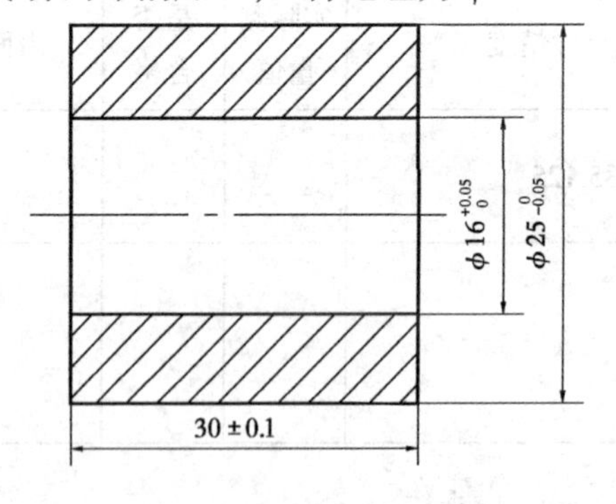

任务二 圆锥孔加工

【实训目标】

知识目标	1.能识记圆锥孔零件图 2.能识记刀具的选择与安装 3.能识记量具的选择与使用 4.知道圆锥孔零件的程序编写

技能目标	1.能正确进行刀具选择与安装 2.能正确进行对刀操作 3.能编写圆锥孔零件的加工程序
态度目标	遵守操作规程、养成文明操作、安全操作的良好习惯

【实训准备】

序　号	名　称	规　格	数　量	备　注
1	千分尺	0~25 mm	1	
2	千分尺	25~50 mm	1	
3	游标卡尺	0~150 mm	1	
4	锥度塞规	3~300 mm	1	
5	刀具	内孔车刀	1	
6	其他辅具	1.刀台扳手、卡盘扳手		
		2.垫刀片若干		
7	材料	已经加工好内孔为 20 的半成品件 $\phi38\times35$		
8	数控车床			
9	数控系统	GSK980TDc		

活动一　加工任务

内锥孔加工任务见表 3.7。

表 3.7　内锥孔加工任务

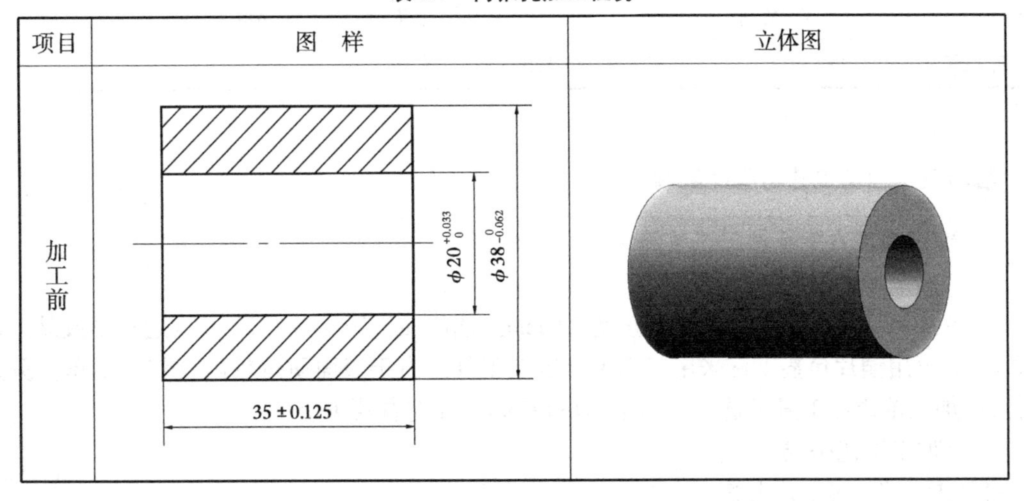

项目	图　样	立体图
加工前		

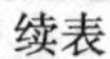

续表

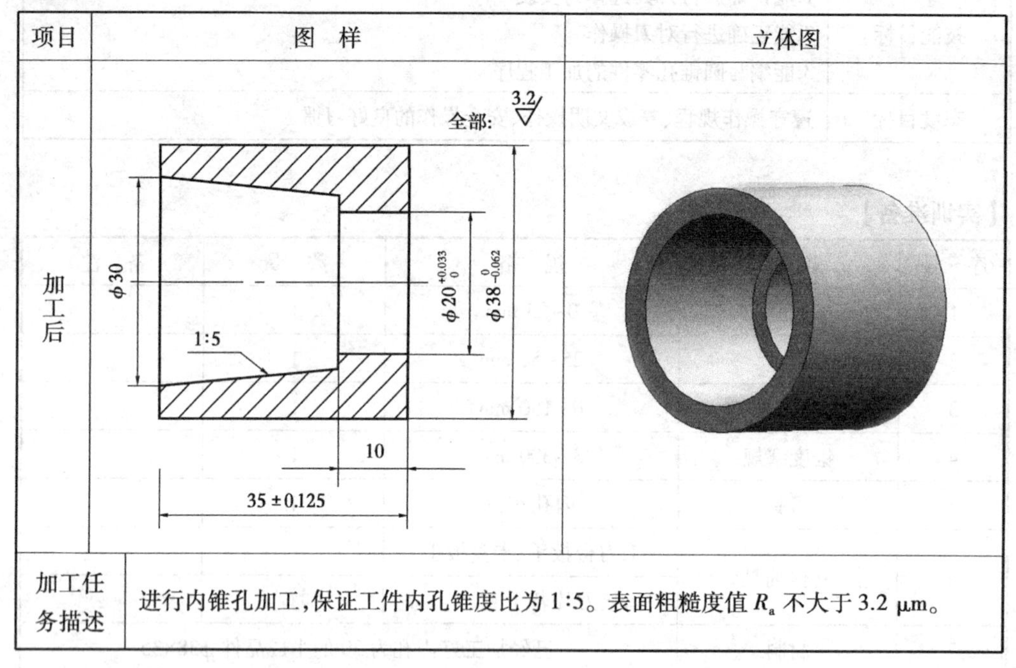

项目	图 样	立体图
加工后		
加工任务描述	进行内锥孔加工,保证工件内孔锥度比为1:5。表面粗糙度值 R_a 不大于3.2 μm。	

活动二　加工任务分析

内锥孔加工任务分析见表3.8。

表3.8　内锥孔加工任务分析表

加工结构	尺寸标注	尺寸精度(尺寸范围)	表面粗糙度	备　注
端面(左右)	无	无	R_a 不大于3.2 μm	
内孔	1:5的内锥孔		R_a 不大于3.2 μm	
零件总长	35	34.875~35.125	无	

活动三　加工工艺与程序编制

一、确定加工方案及加工工艺路线

(一)确定加工方案

零件加工后内锥孔大径 $\phi30$,长度为25 mm。选用加工好内径为20的内通孔半成品工件 $\phi38\times40$。可用铜片包垫工件采用三爪卡盘装夹工件。由于表面质量较高,粗车、精车应分开进行,粗加工单边加工量可选1 mm,单边可留0.5 mm左右精车余量。

(二)加工工艺路线

①夹持工件,找正并夹紧。

②对刀(内孔刀)。

③自动加工工件内孔。

④检测。

二、相关知识

①锥度塞规主要用于检验产品的大径、锥度和接触率,属于专用综合检具。锥度塞规可分为尺寸塞规和涂色塞规两种。由于涂色锥度塞规的设计和检测都比较简单,故在工件测量中得到了普遍使用,锥度塞规规格为3~300 mm。

②进一步熟悉内孔刀的使用。

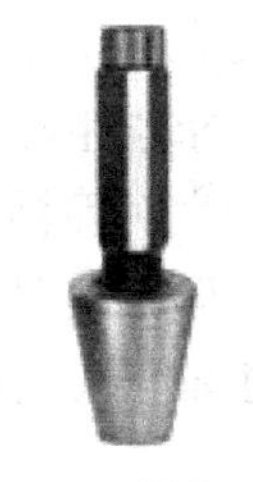

图3.12　锥度塞规

三、零件加工参考程序

零件加工参考程序见表3.9。

表3.9　零件加工参考程序

加工程序	程序说明
O0032	零件程序名
T0101	选定02号刀
G00 X100 Z100	快速定位到安全换刀点
M03 S500	主轴正转,转速500 r/min
G00 X18 Z2	快速移动到循环加工起始点,并定位
G71 U1 R0.5 G71 P1 Q2 U0.3 F100	调用G71粗车循环,设置粗车进给速度 $F=100$ mm/min 留0.3 mm的加工余量
N1 G01 X30 Z0	快速移动到第一刀切削点
N2 X25 Z-25	加工长度为25的内锥孔
G00 X100 Z100	快速退刀到安全换刀点
T0100 M05	取消1号刀刀补,主轴停止
M30	程序结束

注:以上程序只加工零件的内锥孔部分,加工零件其余部分请参照前面课程。

活动四　加工执行

一、加工执行过程

①指导教师分析加工工艺,讲解加工方法和程序的编写方法。

②学生根据加工工艺要求,编写加工程序,并录入完成程序校验。

③学生装夹工件、刀具,必须保证工件、刀具安装牢固。

④学生进行正确的对刀操作。

⑤按下自动加工按键,完成零件的加工。

⑥待加工结束后,先初步进行质量检测,然后再取下工件。

二、实训操作注意事项

①在学生实训前,指导教师注意检查各限位开关是否正常,限位块位置是否合理,避免刀

架与卡盘发生碰撞或丝杆脱位。

②要求学生单人操作，不允许多人操作。

③要求学生注意切削转速，吃刀深度及进给速度的合理选择。

④学生对刀操作完成后，指导教师必须进行验证检查。

⑤主轴开启时要求必须关闭防护门，要求学生养成良好的安全防范意识。

⑥主轴正反转转换时必须停转后再作转换操作。

活动五　加工质量检测

学生通过检测，完成下面内锥孔零件加工质量表（表 3.10），并进行质量分析。

表 3.10　内锥孔零件加工质量表

检测项目	测量工具	尺寸精度	实际测量值	是否合格	表面粗糙度值	是否合格	备注
锥度长度	游标卡尺 千分尺	25					
锥度	锥度塞规 粗糙度量块				R_a 不大于 3.2 μm		
质量分析							

活动六　任务评价

内锥孔任务评价见表 3.11。

表 3.11　内锥孔任务评价表

课题	内孔加工	零件编号		学生姓名		班级	
检查项目		序号	检查内容	配分	自评分	小组评分	教师评分
基本检查	编程	1	切削加工工艺制订正确	5			
		2	切削用量选择合理	5			
		3	程序正确、简单、规范	5			
	操作	4	设备操作、维护保养正确	5			
		5	工件找正、安装正确、规范	5			
		6	刀具选择、安装正确、规范	5			
		7	安全文明生产	5			
	工作态度	8	行为规范、遵守纪律	5			

续表

检查项目		序号	检查内容	配分	自评分	小组评分	教师评分
零件质量	零件总长	9	35	25			
	端面	10		10			
	内孔直径	11		25			
总分							
综合评价							

【课后练习】

编程完成如下图所示零件的车削加工，工件毛坯为 ϕ42×55 的 45 钢材料。

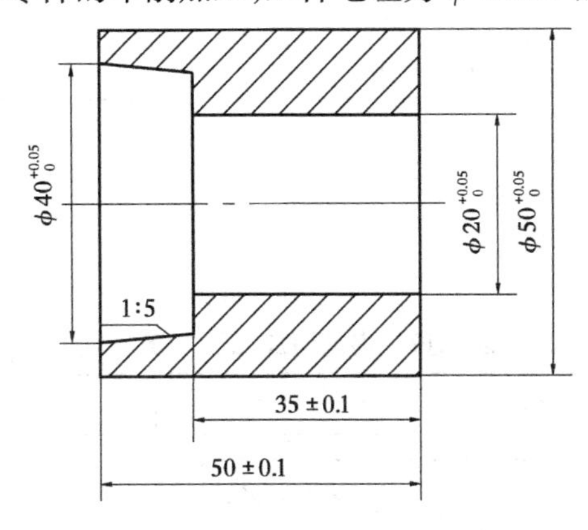

任务三　内沟槽加工

【实训目标】

知识目标	1.能识记内沟槽零件图 2.能识记刀具的选择与安装 3.知道内沟槽零件的程序编写
技能目标	1.能看懂内沟槽零件图 2.能正确进行刀具选择与安装 3.能编写内沟槽零件的加工程序 4.会正确分析加工质量
态度目标	遵守操作规程、养成文明操作、安全操作的良好习惯

【实训准备】

序　号	名　称	规　格	数　量	备　注
1	千分尺	0~25 mm	1	
2	千分尺	25~50 mm	1	

续表

序　号	名　称	规　格	数　量	备　注
3	游标卡尺	0~150 mm	1	
4	钢直尺	0~150 mm	1	
5	刀具	宽度为 3 mm 的内切槽刀	1	
6	其他辅具	1.刀台扳手、卡盘扳手		
		2.垫刀片若干		
7	材料	已经加工内孔直径为 16.25 mm,内孔长度为 18 mm 的半成品工件 $\phi38\times63$		
8	数控车床			
9	数控系统	GSK980TDc		

活动一　加工任务

内沟槽加工任务见表 3.12。

表 3.12　内沟槽加工任务表

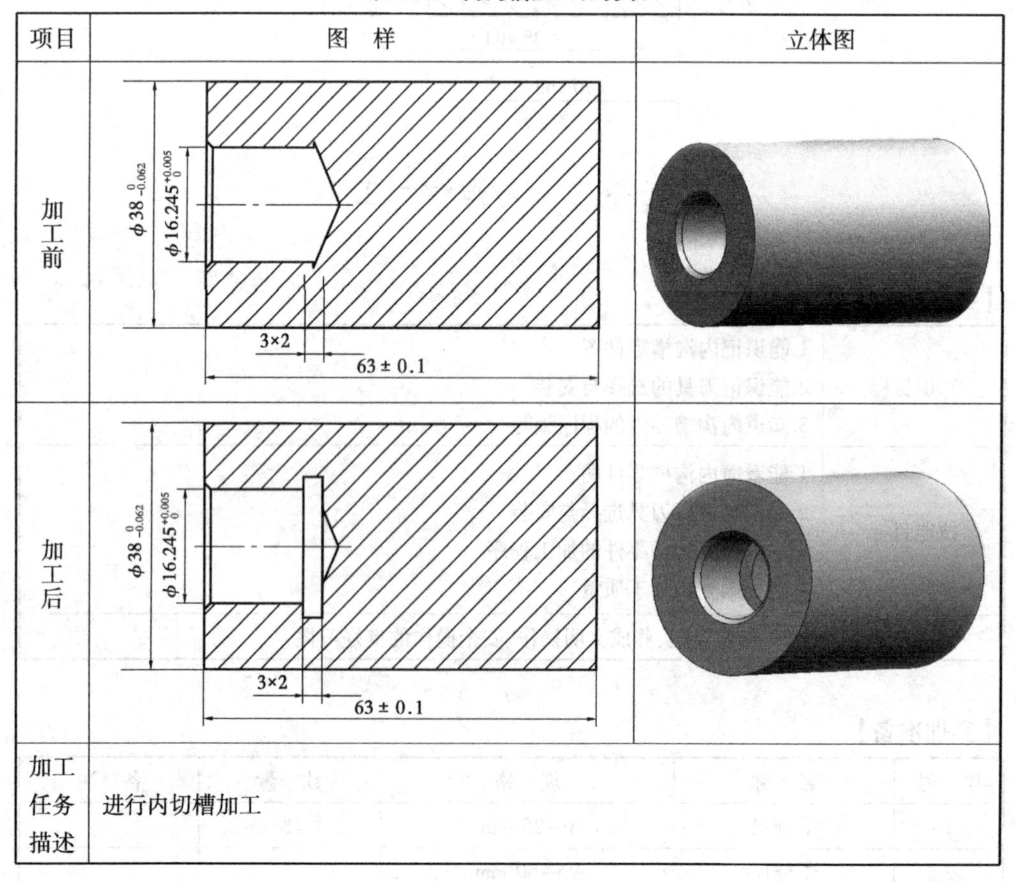

项目	图　样	立体图
加工前		
加工后		
加工任务描述	进行内切槽加工	

活动二　加工任务分析

内沟槽加工任务分析见表 3.13。

表 3.13　内切槽加工任务分析表

加工结构	尺寸标注	尺寸精度(尺寸范围)	表面粗糙度	备　注
内沟槽	3×2			

活动三　加工工艺与程序编制

一、确定加工方案及加工工艺路线

(一)确定加工方案

零件加工后内沟槽为 3×2 mm。选用加工好的内孔直径为 16.245 mm,内孔长度为18 mm 的半成品工件 ϕ38×63。可用铜片包垫工件采用三爪卡盘装夹工件。

(二)加工工艺路线

①夹持工件,找正并夹紧。

②对刀(内切槽刀)。

③自动加工工件内沟槽。

④检测。

二、零件加工参考程序

零件加工参考程序见表 3.14。

表 3.14　零件加工参考程序

加工程序	程序说明
O0033	零件程序名
T0101	选定 01 号刀
G00 X100 Z100	快速定位到安全换刀点
M03 S300	主轴正转,转速 500 r/min
G00 X14 Z2	快速移动到循环加工起始点,并定位
G01 Z-18 F200	快速移动到第一刀切削点
X18.24　F20	加工 3×2 的内沟槽
X14 F100	切槽刀退到直径为 14 mm 的安全位置
G00 Z2	快速退出工件内孔
G00 X100 Z100	快速退刀到安全换刀点
T0100 M05	取消 1 号刀刀补,主轴停止
M30	程序结束

注:以上程序只加工零件的内沟槽部分,加工零件其余部分请参照前面课程。

活动四　加工执行

一、加工执行过程

①指导教师分析加工工艺,讲解加工方法和程序的编写方法。

②学生根据加工工艺要求,编写加工程序,并录入完成程序校验。

③学生装夹工件、刀具,必须保证工件、刀具安装牢固。

④学生进行正确的对刀操作。

⑤按下自动加工按键,完成零件的加工。

⑥待加工结束后,先初步进行质量检测,然后再取下工件。

二、实训操作注意事项

①在学生实训前,指导教师注意检查各限位开关是否正常,限位块位置是否合理,避免刀架与卡盘发生碰撞或丝杆脱位。

②要求学生单人操作,不允许多人操作。

③要求学生注意切削转速,吃刀深度及进给速度的合理选择。

④学生对刀操作完成后,指导教师必须进行验证检查。

⑤主轴开启时要求必须关闭防护门,要求学生养成良好的安全防范意识。

⑥主轴正反转转换时必须停转后再做转换操作。

活动五　加工质量检测

学生通过检测,完成下面内沟槽零件加工质量表(表 3.15),并进行质量分析:

表 3.15　内沟槽零件加工质量表

检测项目	测量工具	尺寸精度	实际测量值	是否合格	表面粗糙度值	是否合格	备注
工件总长	游标卡尺 千分尺						
外圆	游标卡尺 千分尺 粗糙度量块	39.95~40.05			R_a 不大于 6.3 μm		
质量分析							

活动六　任务评价

内沟槽加工任务评价表 3.16。

表 3.16　内沟槽加工任务评价表

课题	内沟槽加工	零件编号		学生姓名		班级	
检查项目		序号	检查内容	配分	自评分	小组评分	教师评分
基本检查	编程	1	切削加工工艺制订正确	5			
		2	切削用量选择合理	5			
		3	程序正确、简单、规范	5			
	操作	4	设备操作、维护保养正确	5			
		5	工件找正、安装正确、规范	5			
		6	刀具选择、安装正确、规范	5			
		7	安全文明生产	5			
	工作态度	8	行为规范、遵守纪律	5			
零件质量	零件总长	9	62.9	35			
	内孔直径	10		25			
总分							
综合评价							

【课后练习】

编程完成如下图所示零件的车削加工，工件毛坯为 ϕ42×55 的 45 钢材料。

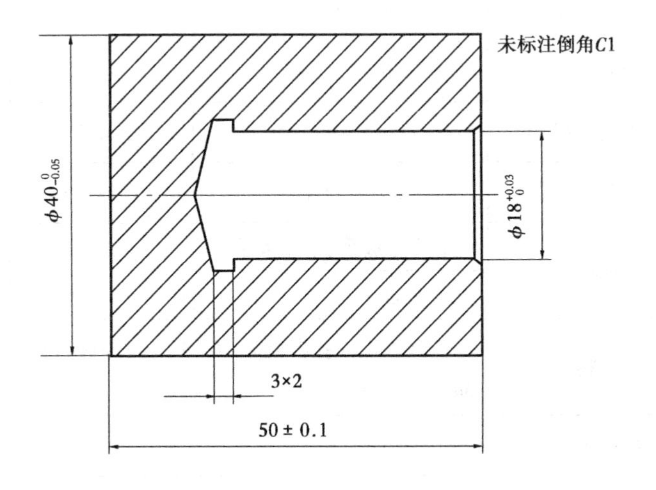

任务四　内螺纹加工

【实训目标】

知识目标	1.能识记内螺纹零件图 2.能识记刀具的选择与安装 3.知道内螺纹零件的程序编写 4.知道内螺纹零件的质量检测分析
技能目标	1.能看懂内螺纹零件图 2.能正确进行对刀操作 3.能编写内螺纹零件的加工程序
态度目标	遵守操作规程、养成文明操作、安全操作的良好习惯

【实训准备】

序　号	名　称	规　格	数　量	备　注
1	千分尺	0～25 mm	1	
2	千分尺	25～50 mm	1	
3	游标卡尺	0～150 mm	1	
4	钢直尺	0～150 mm	1	
5	螺纹塞规		1	
6	刀具	60°内螺纹刀	1	
7	其他辅具	1.刀台扳手、卡盘扳手		
		2.垫刀片若干		
8	材料	已经加工内孔直径为 16.245 mm，内孔长度为 15 mm 的半成品工件 ϕ38×63		
9	数控车床			
10	数控系统	GSK980TDc		

活动一　加工任务

内螺纹加工任务见表 3.17。

表 3.17　内螺纹加工任务

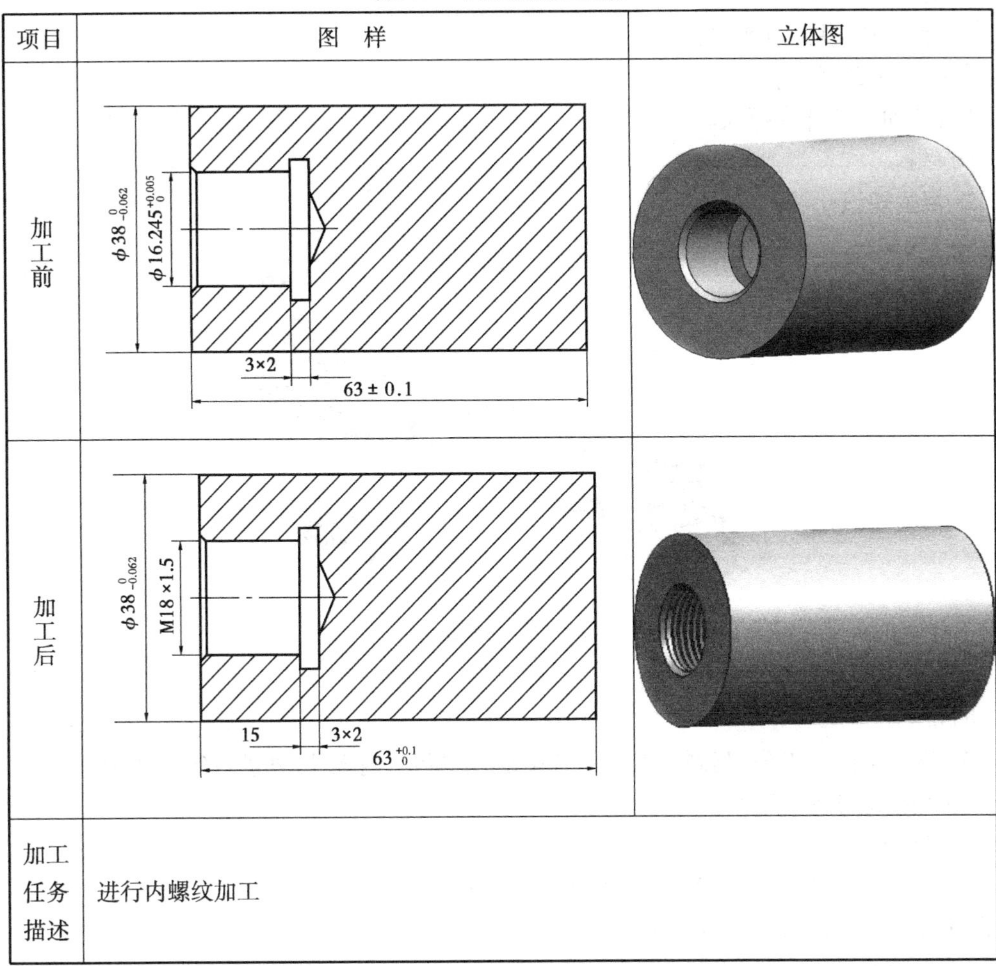

项目	图　样	立体图
加工前	$\phi 38_{-0.062}^{\ 0}$　$\phi 16.245_{\ 0}^{+0.005}$　3×2　63 ± 0.1	
加工后	$\phi 38_{-0.062}^{\ 0}$　M18×1.5　15　3×2　$63_{\ 0}^{+0.1}$	
加工任务描述	进行内螺纹加工	

活动二　加工任务分析

内螺纹加工任务分析见表 3.18。

表 3.18　内螺纹加工任务分析表

加工结构	尺寸标注	尺寸精度(尺寸范围)	表面粗糙度	备　注
内螺纹	M18×1.5			

活动三　加工工艺与程序编制

一、确定加工方案及加工工艺路线

(一)确定加工方案

加工 M18×1.5 的内螺纹。选用加工好的内孔直径为 16.245 mm,内孔长度为 15 mm 的半成品工件 ϕ38×63,直接采用三爪卡盘装夹工件。

（二）加工工艺路线

①夹持工件，找正并夹紧。

②对刀（内螺纹刀）。

③自动加工工件内螺纹。

④检测。

二、相关知识

（一）内螺纹刀

内螺纹刀如图 3.13 所示。

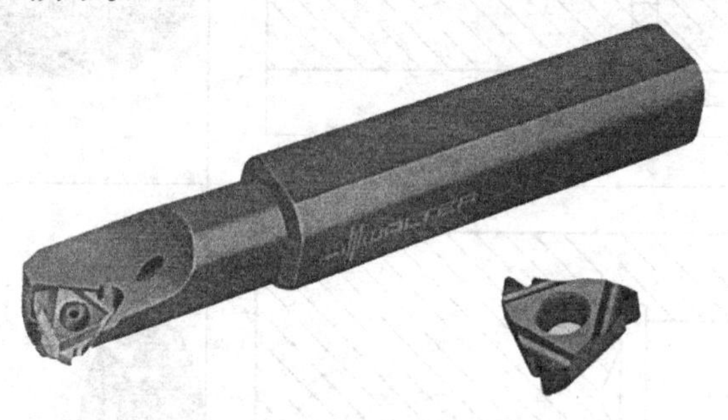

图 3.13 内螺纹刀

（二）螺纹切削指令

1.G32

G32 指令可以加工公、英制等螺距的直螺纹、锥螺纹、内螺纹、外螺纹等常用螺纹。

2.G92 螺纹切削循环

（三）螺纹参数

①内螺纹大径：工件直径 D+0.13×1.5＝18.195 mm

②螺纹齿深：1.3×1.5＝1.95 mm

③内螺纹小径：内螺纹大径－齿深＝16.245 mm

三、零件加工参考程序

零件加工参考程序表 3.19。

表 3.19 零件加工参考程序

加工程序	程序说明
O0034	零件程序名
T0101	选定 01 号刀
G00 X100 Z100	快速定位到安全换刀点
M03 S500	主轴正转，转速 500 r/min
G00 X14 Z2	快速移动到循环加工起始点，并定位
G92 X16.845 Z-15 F1.5	第一次切削螺纹
G92 X17.245	第二次切削螺纹
G92 X17.645	第三次切削螺纹
G92 X17.945	第四次切削螺纹

续表

加工程序	程序说明
G92 X18.195	第五次切削螺纹
G00 X100 Z100	快速退刀到安全换刀点
T0100 M05	取消1号刀刀补,主轴停止
M30	程序结束

注:以上程序只加工零件的内螺纹部分,加工零件其余部分请参照前面课程。

活动四　加工执行

一、加工执行过程

①指导教师分析加工工艺,讲解加工方法和程序的编写方法。

②学生根据加工工艺要求,编写加工程序,并录入完成程序校验。

③学生装夹工件、刀具,必须保证工件、刀具安装牢固。

④学生进行正确的对刀操作。

⑤按下自动加工按键,完成零件的加工。

⑥待加工结束后,先初步进行质量检测,然后再取下工件。

二、实训操作注意事项

①在学生实训前,指导教师注意检查各限位开关是否正常,限位块位置是否合理,避免刀架与卡盘发生碰撞或丝杆脱位。

②要求学生单人操作,不允许多人操作。

③要求学生注意切削转速,吃刀深度及进给速度的合理选择。

④学生对刀操作完成后,指导教师必须进行验证检查。

⑤主轴开启时要求必须关闭防护门,要求学生养成良好的安全防范意识。

⑥主轴正反转转换时必须停转后再作转换操作。

活动五　加工质量检测

学生通过检测,完成下面内螺纹零件加工质量表(表3.20),并进行质量分析。

表3.20　内螺纹零件加工质量表

检测项目	测量工具	尺寸精度	实际测量值	是否合格	表面粗糙度值	是否合格	备注
螺纹规格	螺纹塞规	M18×1.5					
质量分析							

活动六　任务评价

内螺纹零件任务评价见表3.21。

表3.21　内螺纹零件任务评价表

课题	内螺纹	零件编号		学生姓名		班　级	
检查项目		序号	检查内容	配分	自评分	小组评分	教师评分
基本检查	编程	1	切削加工工艺制订正确	5			
		2	切削用量选择合理	5			
		3	程序正确、简单、规范	5			
	操作	4	设备操作、维护保养正确	5			
		5	工件找正、安装正确、规范	5			
		6	刀具选择、安装正确、规范	5			
		7	安全文明生产	5			
	工作态度	8	行为规范、遵守纪律	5			
零件质量	零件总长	9	63	15			
	内孔直径	10		45			
总分							
综合评价							

【课后练习】

编程完成如下图所示零件的车削加工。

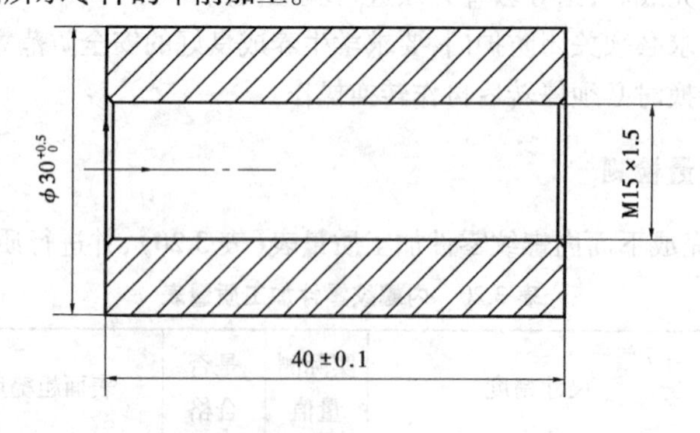

项目 4 成型面零件编程与加工

任务一 圆弧加工

【实训目标】

知识目标	1.能识记圆弧零件图 2.能识记刀具的选择与安装 3.能识记对刀方法 4.知道圆弧零件的程序编写
技能目标	1.能看懂圆弧零件零件图 2.能正确进行刀具选择与安装 3.能正确进行对刀操作 4.能编写圆弧零件的加工程序
态度目标	遵守操作规程、养成文明操作、安全操作的良好习惯

【实训准备】

序 号	名 称	规 格	数 量	备 注
1	千分尺	0~25 mm	1	
2	千分尺	25~50 mm	1	
3	游标卡尺	0~150 mm	1	
4	钢直尺	0~150 mm	1	
5	刀具	圆弧刀	1	
6	其他辅具	1.刀台扳手、卡盘扳手		
		2.垫刀片若干		
7	材料	已经完成内螺纹加工的半成品工件 $\phi38\times63$		
8	数控车床			
9	数控系统	GSK980TDc		

活动一　加工任务

圆弧加工任务见表 4.1。

表 4.1　圆弧加工任务

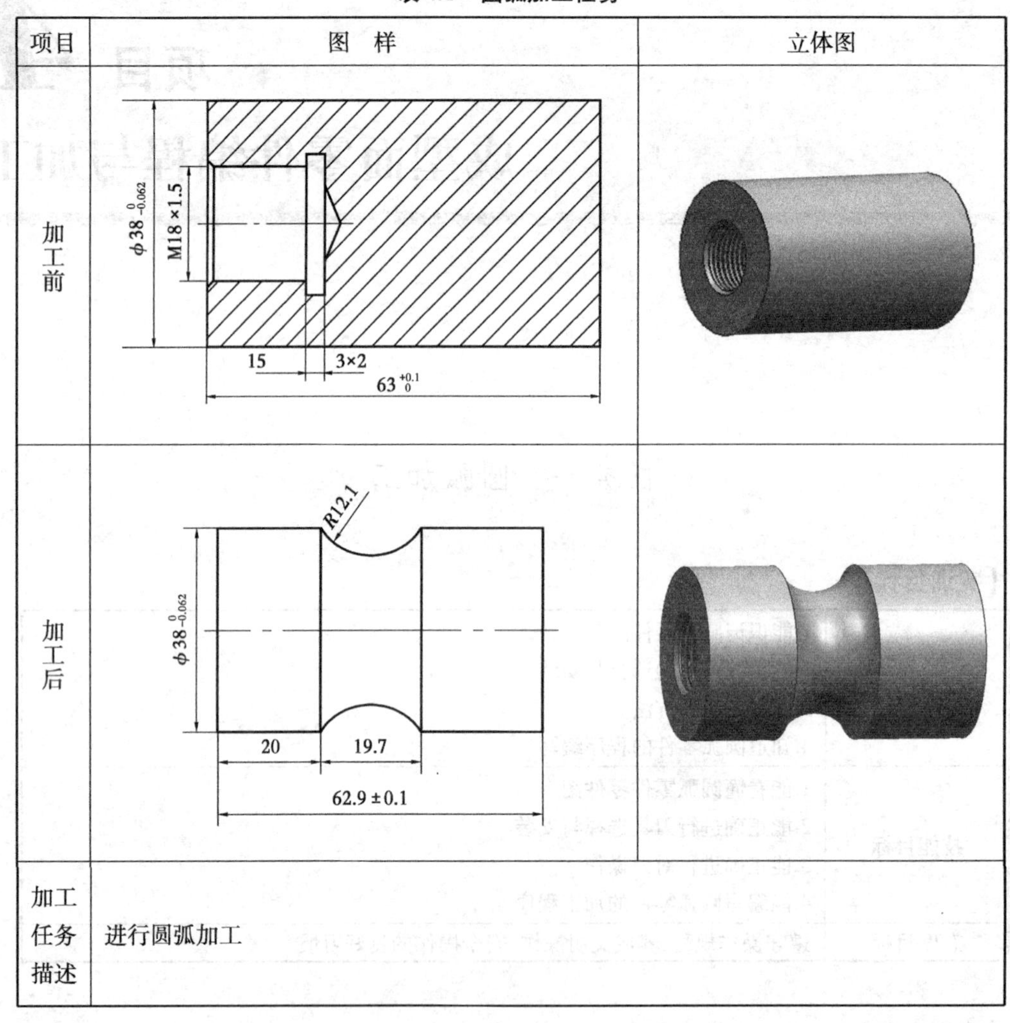

项目	图　样	立体图
加工前		
加工后		
加工任务描述	进行圆弧加工	

活动二　加工任务分析

圆弧加工任务分析见表 4.2。

表 4.2　圆弧加工任务表

加工结构	尺寸标注	尺寸精度(尺寸范围)	表面粗糙度	备　注
内螺纹	M18×1.5			

活动三　加工工艺与程序编制

一、确定加工方案及加工工艺路线

(一)确定加工方案

选用完成内螺纹加工的半成品工件 $\phi 38 \times 63$。可用铜片包垫工件,采用三爪卡盘装夹工件。

(二)加工工艺路线

①夹持工件,找正并夹紧。

②对刀(内螺纹刀)。

③自动加工工件内螺纹。

④检测。

二、相关知识

1.圆弧刀

圆弧刀示意图如图 4.1 所示。

2.圆弧插补——G02、G03

(1)指令格式

G02 X(U)_　Z(W)_　R_(I_ K_)　F_

G03 X(U)_　Z(W)_　R_(I_ K_)　F_

X(U)_:圆弧终点的 X 轴坐标;

Z(W)_:圆弧终点的 Y 轴坐标;

I_:圆弧圆心与圆弧起点在 X 方向的差值,用半径表示;

K_:圆弧圆心与圆弧起点在 Z 方向的差值(图 4.2);

R_:圆弧半径指定;

F_:沿圆弧切线方向的速度。

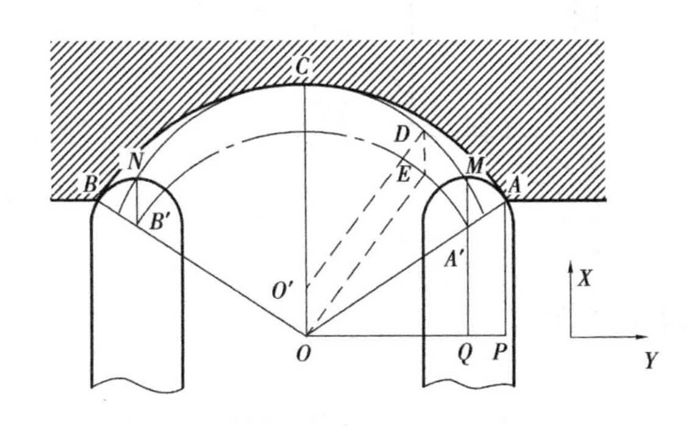

图 4.1　圆弧刀示意图

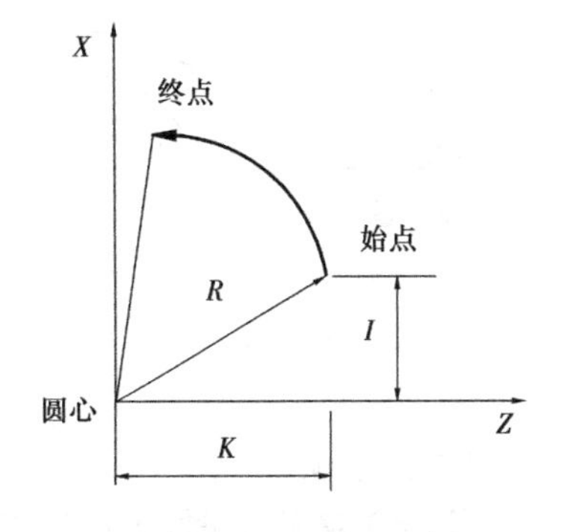

图 4.2　圆弧圆心与圆弧起点在 Z 方向的差值

(2)代码轨迹

G02 代码轨迹为从起点到终点的顺时针(后刀座坐标系)/逆时针(前刀座坐标系)圆弧,如图 4.3(a)所示。

G03 代码轨迹为从起点到终点的逆时针(后刀座坐标系)/顺时针(前刀座坐标系)圆弧,如图 4.3(b)所示。

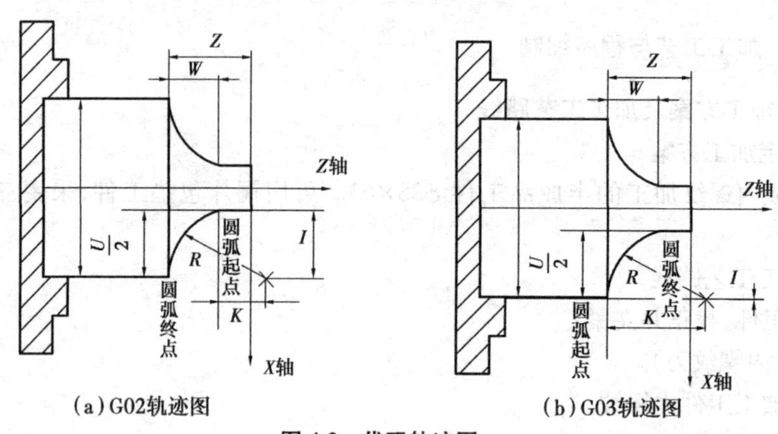

图 4.3 代码轨迹图

(3)圆弧方向

G02/G03 的圆弧方向定义,在前刀座坐标系和后刀座坐标系是相反的,如图 4.4。

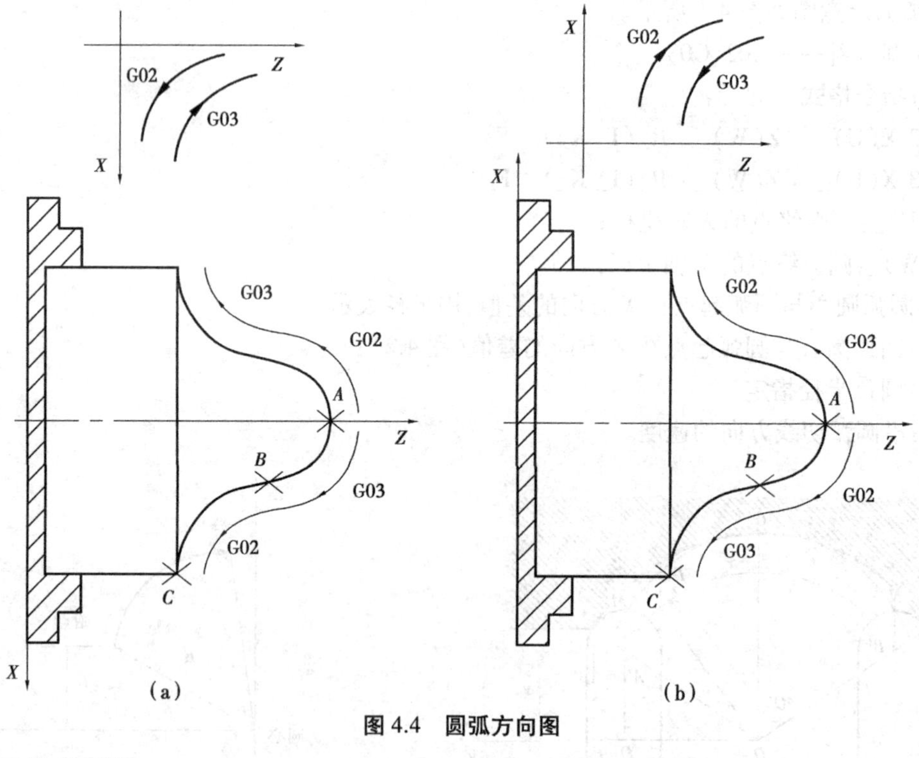

图 4.4 圆弧方向图

(4)注意事项

①当 $I=0$ 或 $K=0$ 时,可以省略,但地址 I、K 或 R 必须输入一个,否则系统会报警。

②I、K、R 同时输入时,R 有效,I、K 无效。

③R 值必须等于或大于起点终点的一半,如果终点不在用 R 定义的圆弧上,系统会产生报警。

④地址 X(U)、Z(W)可省略一个或全部;当省略一个时,表示省略的该轴的起点和终点一致;同时省略表示终点和始点是同一位置,若用 I、K 指定圆心时,执行 G02/G03 代码的轨迹为全圆(360°);用 R 指定时,表示 0°的圆。

⑤建议使用 R 编程。当使用 I、K 编程时，为了保证圆弧运动的起点和终点与指定值一致。

⑥若使用 I、K 值进行编程，若圆心到的圆弧终点距离不等于 $R(R=\sqrt{I^2+K^2})$，系统会自动调整圆心位置以保证圆弧运动的起点和终点与指定值一致，如果圆弧的起点与终点间距离大于 $2R$，系统报警。

⑦R 指定时，是小于 360°的圆弧，R 负值时为大于 180°的圆弧，R 正值时为小于或等于 180°的圆弧。

3.封闭切削循环——G73

指令格式

G73 U(Δi)　W(Δk)　R(d)　F(f)_ S(s)_ T(t)_;

G73 P(ns)　Q(nf)　U(Δu)_ W(Δw)_;

(1)i:X 轴方向退刀的距离及方向。Δi:X 轴粗车退刀量，取值范围为±99999999×最小输入增量(单位:mm/inch，半径值，有符号)，Δi 等于 A_1 点相对于 A_d 点的 X 轴坐标偏移量(半径值)，粗车时 X 轴的总切削量(半径值)等于 $|\Delta i|$，X 轴的切削方向与 Δi 的符号相反：$\Delta i>0$，粗车时向 X 轴的负方向切削。

(2)k:Z 轴方向退刀的距离及方向。这个指定是模态的，一直到下次指定前均有效。

(3)d:切削的次数，取值范围 1~9999(单位:次)，R_5 表示 5 次切削完成封闭切削循环。

(4)n_s:精车轨迹的第一个程序段的程序段号。

(5)n_f:精车轨迹的最后一个程序段的程序段号。

系统根据精车余量、退刀量、切削次数等数据自动计算粗车偏移量、粗车的单次进刀量和粗车轨迹，每次切削的轨迹都是精车轨迹的偏移，切削轨迹逐步靠近精车轨迹，最后一次切削轨迹为按精车余量偏移的精车轨迹。G73 的起点和终点相同，本代码适用于成型毛坯的粗车。G73 代码为非模态代码，代码轨迹如图 4.5 所示。

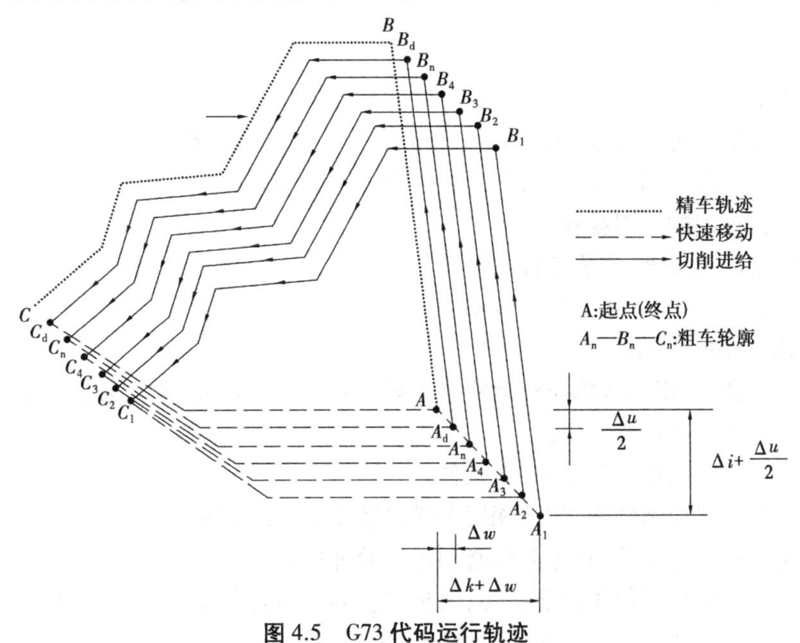

图 4.5　G73 代码运行轨迹

三、零件加工参考程序

零件加工参考程序见表4.3。

表4.3 零件加工参考程序

加工程序	程序说明
O0041	零件程序名
T0101	选定01号刀
G00 X100 Z100	快速定位到安全换刀点
M03 S500	主轴正转,转速500 r/min
G00 X40 Z2	快速移动到循环加工起始点,并定位
G73 U6 R4 F80 G73 P1 Q2 U0.3F100	调用G73循环,X方向留0.3的精车余量
N1 G01 X38 Z-24.2	定位到圆弧起点
G02 X38 Z-43 R10.6	圆弧加工
N2 G01 X42	X方向退刀
G00 X100 Z100	快速退刀到安全换刀点
T0100 M05	取消1号刀刀补,主轴停止
M30	程序结束

注:以上程序只加工零件的内螺纹部分,加工零件其余部分请参照前面课程。

活动四 加工执行

一、加工执行过程

①指导教师分析加工工艺,讲解加工方法和程序的编写方法。

②学生根据加工工艺要求,编写加工程序,并录入完成程序校验。

③学生装夹工件、刀具,必须保证工件、刀具安装牢固。

④学生进行正确的对刀操作。

⑤按下自动加工按键,完成零件的加工。

⑥待加工结束后,先初步进行质量检测,然后再取下工件。

二、实训操作注意事项

①在学生实训前,指导教师应注意检查各限位开关是否正常,限位块位置是否合理,避免刀架与卡盘发生碰撞或丝杆脱位。

②要求学生单人操作,不允许多人操作。

③要求学生注意切削转速,吃刀深度及进给速度的合理选择。

④学生对刀操作完成后,指导教师必须进行验证检查。

⑤主轴开启时要求必须关闭防护门,要求学生养成良好的安全防范意识。

⑥主轴正反转转换时必须停转后再做转换操作。

活动五　加工质量检测

学生通过检测,完成下面圆弧零件加工质量(表4.4),并进行质量分析。

表4.4　圆弧零件加工质量表

检测项目	测量工具	尺寸精度	实际测量值	是否合格	表面粗糙度值	是否合格	备注
圆弧长度	游标卡尺 千分尺	18.8					
外圆	游标卡尺 千分尺 粗糙度量块	63			R_a 不大于 6.3 μm		
质量分析							

活动六　任务评价

圆弧零件加工任务评价见表4.5。

表4.5　圆弧零件加工任务评价表

课题	圆弧加工	零件编号		学生姓名		班级	
检查项目		序号	检查内容	配分	自评分	小组评分	教师评分
基本检查	编程	1	切削加工工艺制订正确	5			
		2	切削用量选择合理	5			
		3	程序正确、简单、规范	5			
	操作	4	设备操作、维护保养正确	5			
		5	工件找正、安装正确、规范	5			
		6	刀具选择、安装正确、规范	5			
		7	安全文明生产	5			
	工作态度	8	行为规范、遵守纪律	5			
零件质量	零件总长	9	62.9	35			
	内孔直径	10		25			
总分							
综合评价							

【课后练习】

编程完成如下图所示零件的车削加工，工件毛坯为 $\phi30\times40$ 的 45 钢材料。

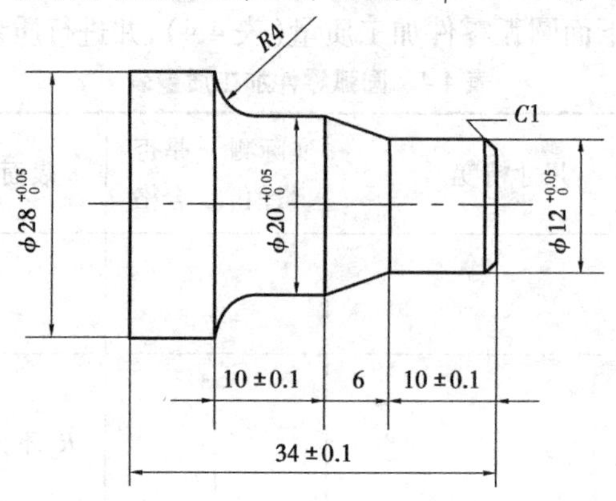

任务二 球面加工

【实训目标】

<table>
<tr><td rowspan="4">知识目标</td><td>1.能识记球面零件图</td></tr>
<tr><td>2.能识记刀具的选择与安装</td></tr>
<tr><td>3.能识记对刀方法</td></tr>
<tr><td>4.知道球面零件的程序编写</td></tr>
<tr><td rowspan="5">技能目标</td><td>1.能看懂球面零件零件图</td></tr>
<tr><td>2.能正确进行刀具选择与安装</td></tr>
<tr><td>3.能正确进行对刀操作</td></tr>
<tr><td>4.能编写圆锥孔零件的加工程序</td></tr>
<tr><td>5.会正确分析加工质量</td></tr>
<tr><td>态度目标</td><td>遵守操作规程、养成文明操作、安全操作的良好习惯</td></tr>
</table>

【实训准备】

<table>
<tr><th>序　号</th><th>名　称</th><th>规　格</th><th>数　量</th><th>备　注</th></tr>
<tr><td>1</td><td>千分尺</td><td>0~25 mm</td><td>1</td><td></td></tr>
<tr><td>2</td><td>千分尺</td><td>25~50 mm</td><td>1</td><td></td></tr>
<tr><td>3</td><td>游标卡尺</td><td>0~150 mm</td><td>1</td><td></td></tr>
<tr><td>4</td><td>钢直尺</td><td>0~150 mm</td><td>1</td><td></td></tr>
<tr><td>5</td><td>刀具</td><td>圆弧刀</td><td>1</td><td></td></tr>
<tr><td rowspan="2">6</td><td rowspan="2">其他辅具</td><td>1.刀台扳手、卡盘扳手</td><td rowspan="2"></td><td rowspan="2"></td></tr>
<tr><td>2.垫刀片若干</td></tr>
<tr><td>7</td><td>材料</td><td colspan="3">已经加工内孔直径为 18.2 mm，内孔长度为 18 mm 的半成品工件 $\phi38\times62.9$</td></tr>
<tr><td>8</td><td>数控车床</td><td colspan="3"></td></tr>
<tr><td>9</td><td>数控系统</td><td colspan="3">GSK980TDc</td></tr>
</table>

活动一　加工任务

球面加工任务见表4.6。

表4.6　球面加工任务表

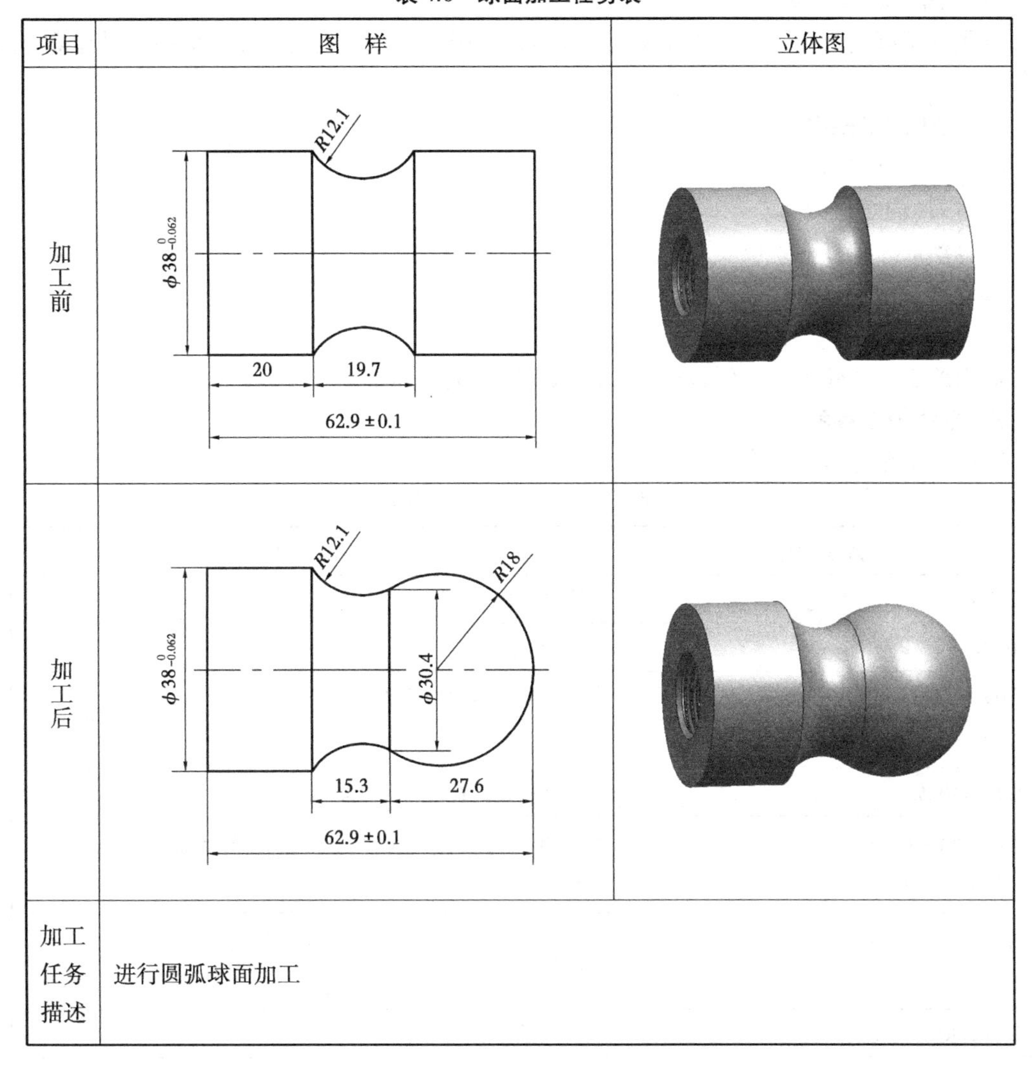

项目	图　样	立体图
加工前		
加工后		
加工任务描述	进行圆弧球面加工	

活动二　加工任务分析

球面加工任务分析见表4.7。

表4.7　球面加工任务表

加工结构	尺寸标注	尺寸精度(尺寸范围)	表面粗糙度	备　注
圆弧球面	*R*18			

活动三　加工工艺与程序编制

一、确定加工方案及加工工艺路线

(一)确定加工方案

选用加工好内螺纹及凹面的半成品工件 $\phi38\times63$。用铜片包垫工件,采用三爪卡盘装夹工件。

(二)加工工艺路线

①夹持工件,找正并夹紧。

②对刀(内螺纹刀)。

③自动加工工件内螺纹。

④检测。

二、相关知识

球面加工与圆弧加工相似,均用 G02、G03 指令进行加工。

三、零件加工参考程序

零件加工参考程序见表 4.8。

表 4.8　零件加工参考程序

加工程序	程序说明
O0042	零件程序名
T0101	选定 01 号刀
G00 X100 Z100	快速定位到安全换刀点
M03 S500	主轴正转,转速 500
G00 X40 Z2	快速移动到循环加工起始点,并定位
G73 U20 R15 F80 G73 P1 Q2 U0.3	调用 G73 循环,设置走刀 15 次,*X* 轴方向留 0.3 的精车余量
N1 G01 X0 F100 Z0	定位到圆弧起点
G03 X30.4 Z-27.7 R18	球形弧面加工
G02 X38 Z-43 R10.6	凹圆弧加工
N2 G01 X42	*X* 方向退刀
G00 X100 Z100	快速退刀到安全换刀点
T0100 M05	取消 1 号刀刀补,主轴停止
M30	程序结束

注:以上程序只加工零件的圆弧部分,加工零件其余部分请参照前面课程。

活动四　加工执行

一、加工执行过程

①指导教师分析加工工艺,讲解加工方法和程序的编写方法。

②学生根据加工工艺要求,编写加工程序,并录入完成程序校验。

③学生装夹工件、刀具,必须保证工件、刀具安装牢固。

④学生进行正确的对刀操作。

⑤按下自动加工按键,完成零件的加工。

⑥待加工结束后,先初步进行质量检测,然后再取下工件。

二、实训操作注意事项

①在学生实训前,指导教师应注意检查各限位开关是否正常,限位块位置是否合理,避免刀架与卡盘发生碰撞或丝杆脱位。

②要求学生单人操作,不允许多人操作。

③要求学生注意切削转速,吃刀深度及进给速度的合理选择。

④学生对刀操作完成后,指导教师必须进行验证检查。

⑤主轴开启时要求必须关闭防护门,要求学生养成良好的安全防范意识。

⑥主轴正反转转换时必须停转后再做转换操作。

活动五　加工质量检测

学生通过检测,完成球面零件加工质量表 4.9,并进行质量分析。

表 4.9　球面零件加工质量表

检测项目	测量工具	尺寸精度	实际测量值	是否合格	表面粗糙度值	是否合格	备注
球面		$R18$					
外圆	游标卡尺 千分尺 粗糙度量块	39.95~40.05			R_a 不大于 6.3 μm		
质量分析							

活动六　任务评价

球面零件加工任务评价见表 4.10。

表 4.10　球面零件加工任务评价表

课题	球面加工	零件编号		学生姓名		班级	
检查项目		序号	检查内容	配分	自评分	小组评分	教师评分
基本检查	编程	1	切削加工工艺制订正确	5			
		2	切削用量选择合理	5			
		3	程序正确、简单、规范	5			
	操作	4	设备操作、维护保养正确	5			
		5	工件找正、安装正确、规范	5			
		6	刀具选择、安装正确、规范	5			
		7	安全文明生产	5			
	工作态度	8	行为规范、遵守纪律	5			
零件质量	零件总长	9	63	35			
	内孔直径	10		25			
总分							
综合评价							

【课后练习】

编程完成如下图所示零件的车削加工,工件毛坯为 $\phi20\times45$ 的 45 钢材料。

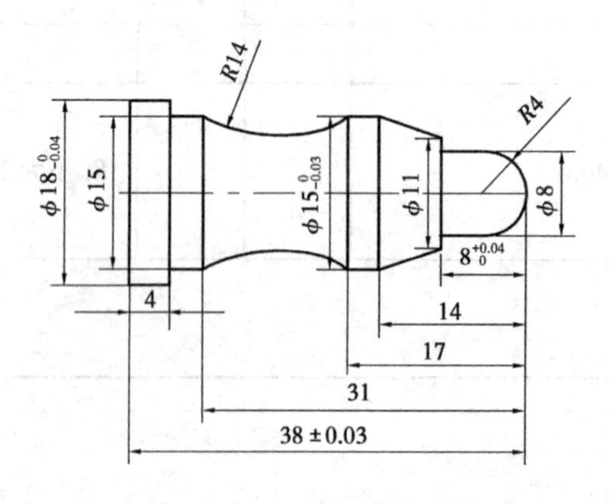

项目 5 配合零件编程与加工

任务一　轴套类配合零件加工

【实训目标】

知识目标	1.能识记轴套类配合零件图 2.知道轴\套零件程序编写的方法 3.知道轴\套零件配合的检测方法
技能目标	1.能看懂轴套类配合零件图 2.能正确运用 G71、G70、G92 指令编写程序 3.能正确进行对刀操作 4.能正确检测轴\套零件配合的精度
态度目标	培养学生细心、严谨的学习习惯

【实训准备】

序　号	名　称	规　格	数　量	备　注
1	千分尺	0~25 mm	1	
2	千分尺	25~50 mm	1	
3	游标卡尺	0~150 mm	1	
4	钢直尺	0~150 mm	1	
5	刀具	45°外圆刀	1	
		75°外圆车刀	1	
		切断刀	1	
		钻头	1	
		外螺纹刀	1	
		内孔车刀	1	

续表

序　号	名　称	规　格	数　量	备　注
6	其他辅具	1.刀台扳手、卡盘扳手		
		2.垫刀片若干		
9	材料	45 钢(棒料) $\phi 50\times128$ $\phi 50\times44$		
10	数控车床			
11	数控系统	GSK980TDc		

活动一　加工任务

轴套配合加工任务见表 5.1。

表 5.1　轴套配合加工任务表

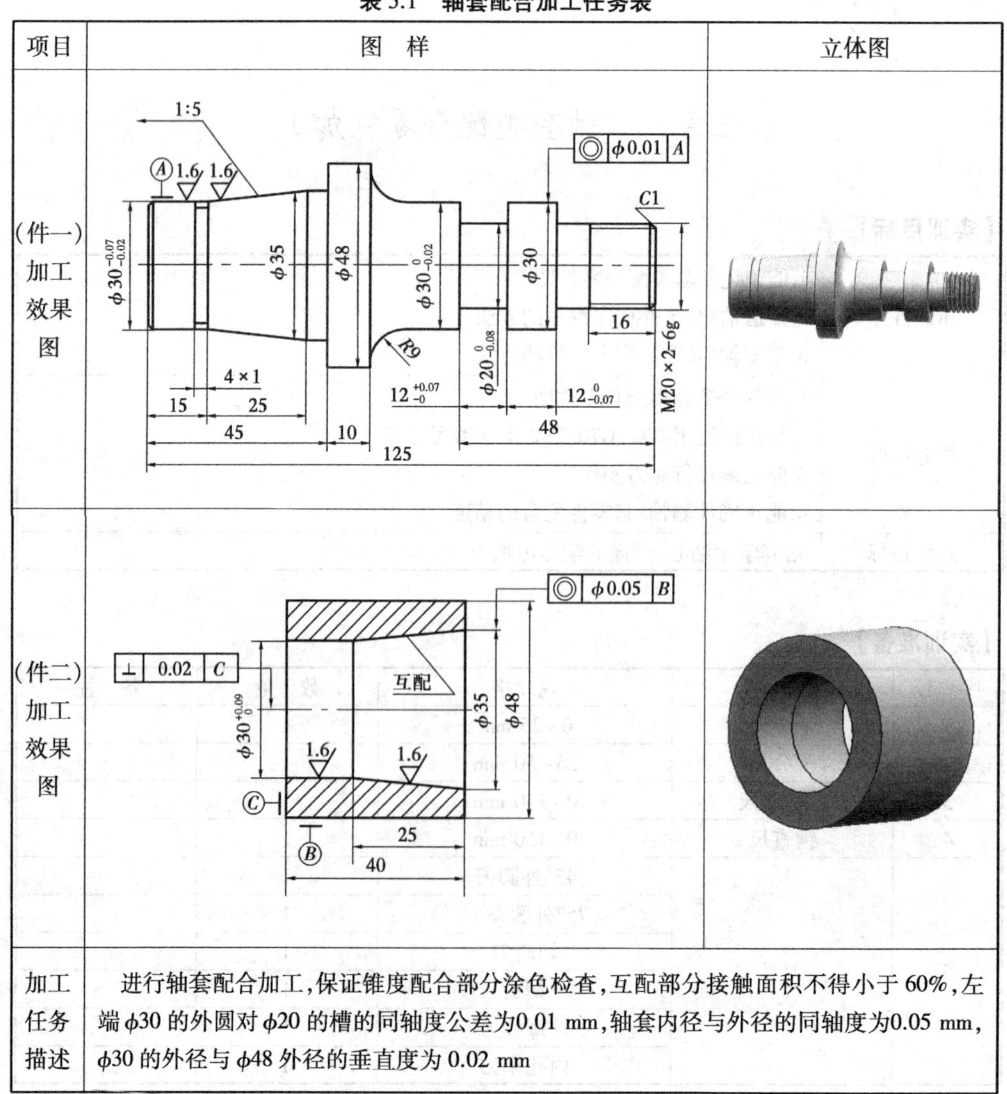

项目	图　样	立体图
(件一)加工效果图		
(件二)加工效果图		
加工任务描述	进行轴套配合加工，保证锥度配合部分涂色检查，互配部分接触面积不得小于 60%，左端 $\phi 30$ 的外圆对 $\phi 20$ 的槽的同轴度公差为0.01 mm，轴套内径与外径的同轴度为0.05 mm，$\phi 30$ 的外径与 $\phi 48$ 外径的垂直度为 0.02 mm	

活动二　加工任务分析

加工任务分析见表 5.2 和表 5.3。

表 5.2　（件一）加工任务分析表

加工结构	尺寸标注	尺寸精度（尺寸范围）	表面粗糙度	备　注
外圆	ϕ30	ϕ29.9~ϕ29.98	R_a 不大于 1.6 μm	
	ϕ30	ϕ29.98~ϕ30	R_a 不大于 6.3 μm	
	ϕ20	ϕ19.92~ϕ20		
外螺纹	M20×2-6g			
锥度	1:5		R_a 不大于 1.6 μm	
圆弧	R9			
零件总长	125			

表 5.3　（件二）加工任务分析表

加工结构	尺寸标注	尺寸精度（尺寸范围）	表面粗糙度	备　注
外圆	ϕ 48	ϕ 38.96~ϕ 39.04		
内圆柱孔	ϕ 30	ϕ 30.0~ϕ 30.09	R_a 不大于 1.6 μm	
内锥孔	1:5		R_a 不大于 1.6 μm	
零件总长	40			

活动三　加工工艺与程序编制

一、确定加工方案及加工工艺路线

（一）确定加工方案

1.工件一的结构分析

工件一为轴类零件。其表面由外圆柱面、阶梯外圆面、退刀槽及螺纹等表面组成，轴颈的直径精度根据其使用要求通常为 IT6~IT9，精密轴颈可达 IT5。最左端外圆直径为 ϕ30。上偏差为-0.07，下偏差为-0.02。表面粗糙度要求为 R_a1.6~6.3 μm，为了保证同轴度通常需要减小切削力和切削热的影响，粗精加工分开，使粗加工中的变形在精加工中得到纠正，加工时需要零件材料为 45 号钢，毛胚尺寸为 ϕ50×128 mm，切削加工性能较好，无热处理和硬度要求。

2.工件二的结构分析

工件二为套类零件，由外圆柱面、内孔、内锥孔、内螺纹组成，套的总长度为 40 mm。套的小径为 30，上偏差为 0.09 下偏差为 0。内锥孔同轴度要求高，套与轴的配合处的公差为±0. 06。该棒料是 45#钢，套毛坯下料长为 ϕ50 mm×44 mm，切削性能较好，无热处理。

(二)加工工艺路线

1.工件一加工步骤

①平右端面。

②用G71循环粗加工指令加工右轮廓到88。

③用G70精加工指令进行精加工。

④然后用G75指令切ϕ20的槽。

⑤用G92指令加工M20的螺纹。

⑥调头加工左端轴、并且保证长度。

⑦用G71循环粗加工指令加工右轮廓到46。

⑧用G70精加工指令进行精加工左端外轮廓。

⑨用G75切槽。

2.工件二加工步骤

①夹住毛坯右端,手动车削端面,程序加工外圆。

②调头加工毛坯左端,并在保证长度的情况下车削端面。

③手动钻ϕ24的内孔。

④编程自动镗内孔到Z-42。

⑤对工件进行测量,取下工件,收拾工具,进行总结。

三、零件加工参考程序

1.车削轴右端

车削轴右端加工参考程序见表5.4。

表5.4 车削轴右端加工参考程序

加工程序	程序说明
O0001	零件程序名
M03 S500 T0101	主轴正转,转速500,选定01号刀
G00 X100 Z100	安全距离
G00 X52 Z2	
M08;	开冷却液
G71 U2.0 R1.5	外圆粗车循环
G71 P30 Q70 U0.3 W0.1 F0.25	
G00 X14	
G01 Z0 F0.3	
X20 Z-3	
Z-23.92	
X29.99	
Z-61	
G02 X48 Z-70 R9	

续表

加工程序	程序说明
G01　X48　Z-88	
G01　X50	
G00　X80	
Z100	
M03　S1200　T0101	
G00　X52　Z2	
G70　P30　Q70　F0.15	精车右端外圆
G00　X80	
Z100	
M05　M00	
M03　S450　T0202	
G00　X34　Z-39.96	
G75　R0.1	
G75　X19.96　Z-48　P500　Q3500　F0.2	切槽
G00　X100	
Z100	
M03　S650　T0303	
G00　X22　Z-2	
G92　X19.4　Z-16　F2.0	车螺纹
X18.8	
X18.3	
X17.8	
X17.5	
X17.4	
G00　X100	
Z100	
M09	关冷却液
M05	主轴停止
M30	程序结束

2.车削轴左端

车削轴左端加工参考程序见表5.5。

表 5.5　车削轴左端加工参考程序

O0002	
M03　S450　T0101	
M08	
G00　X52　Z2	
G71　U2.0　R1.5	
G71　P25　Q61　U0.4　W0.1　F0.3	粗车左端外圆
G00　X27.05	
G01　Z0　F0.3	
X29.05　Z-1	
Z-15	
X35　Z-40	
Z-45	
X46	
X48　Z-46	
X52	
G00　X80	
Z100	
M05	
M00	
M03　S1200　T0101	
G00　X50　Z2	
G70　P25　Q61　F0.2	精车左端外圆
G00　X80	
Z100	
S450　T0202	
G00　X33　Z-15	
G75　R0.1	
G75 X27.05 Z-15 P500　Q1000　R0　F0.2	切槽
G00　X100	
Z100	
M09	
M05	
M30	

3.车削内孔

车削内孔加工参考程序见表5.6。

表5.6　车削内孔加工参考程序

O0003	
M03　S500 T0404	
M08	
G00　X22　Z2	
G71　U2.0　R1.5	
G71　P25　Q40　U-0.2　W0.1　F0.2	粗镗内孔
G00　X24	
G01　Z0　F0.2	
X30.04　Z-25	
Z-42	
G00　Z100	
X100	
M05	
M00	
M03　S1100	
G00　X22　Z2	
G70　P25　Q40　F0.1	精镗内孔
M09	
G00　Z100	
X100	
M05	主轴停止
M30	程序结束

活动四　加工执行

一、加工执行过程

①指导教师分析加工工艺，讲解加工方法和程序的编写方法。

②学生根据加工工艺要求，编写加工程序，并把程序输入机床。

③利用图形显示功能对程序进行模拟和校验，图形模拟时要注意接通机床锁住及STM辅助功能锁住键。

④根据工件的长度夹紧毛坯;按程序指定的刀位,安装好刀具。

⑤调整好主轴转速。

⑥应用试切对刀法进行对刀,并将刀具补偿参数正确地输入对应的刀号位置上。

⑦选择自动方式,并按亮单段运行;将快进倍率调到25%,进给倍率调到50%左右;按位置键使显示屏显示坐标及程序页面;按循环启动键后手点住进给保持键,观察刀具与工件的位置,并在刀具快碰到工件前暂停一下,对比当前刀具与工件的位置与坐标值是否一致,如果正确,就把快进、进给倍率调好,将单段运行灯按灭,再按循环启动键,进行自动加工;如果发现刀具与工件的位置有误,则必须重新对刀再加工。

二、实训操作注意事项

①要求学生单人操作,不允许多人操作。

②要求学生注意切削转速、吃刀深度及进给速度的合理选择。

③正确进行对刀操作,确保录入的数值准确。学生对刀操作完成后,指导教师必须进行验证检查。

④主轴开启时要求必须关闭防护门,要求学生养成良好的安全防范意识。

⑤主轴正反转转换时必须停转后再做转换操作。

活动五　加工质量检测

学生通过检测,完成下面零件加工质量(表5.7),并进行质量分析。

表5.7　轴套配合零件加工质量表

检测项目	测量工具	尺寸精度	实际测量值	是否合格	表面粗糙度值	是否合格	备注
工件总长	游标卡尺 千分尺	125、55、40、16、15、12					
左、右端面	粗糙度量块				R_a 不大于12.5 μm		
外螺纹	螺纹环规						
孔配合	红丹粉	≥60%					
外圆	游标卡尺 千分尺 粗糙度量块	ϕ20、ϕ30、ϕ35、ϕ48					
质量分析							

活动六　任务评价

任务评价表见表5.8。

表 5.8　轴套配合零件任务评价表

课题	轴套配合加工	零件编号		学生姓名		班级	
检查项目		序号	检查内容	配分	自评分	小组评分	教师评分
基本检查	编程	1	切削加工工艺制订正确	5			
		2	切削用量选择合理	5			
		3	程序正确、简单、规范	5			
	操作	4	设备操作、维护保养正确	5			
		5	工件找正、安装正确、规范	5			
		6	刀具选择、安装正确、规范	5			
		7	安全文明生产	5			
	工作态度	8	行为规范、遵守纪律	5			
零件质量	工件一外圆尺寸	9	ϕ48	2			
		10	ϕ35	3			
		11	ϕ30(3 处)	5			
		12	ϕ20	2			
	工件一长度尺寸	13	25	2			
		14	45	2			
		15	10	2			
		16	12(2 处)	4			
		17	16	2			
		18	48	2			
		19	125	2			
	工件一锥度	20	1:5	5			
	工件二外圆尺寸	21	ϕ48	2			
		22	ϕ35	4			
		23	ϕ30	4			
	工件二总长	24	40	2			
	工件二锥度	25	1:5	5			
	锥面配合	26	互配部分接触面积不得小于 60%	10			
总分							
综合评价					优、良、中、差		

【课后练习】

按下图所示定位,锥体配合零件加工。

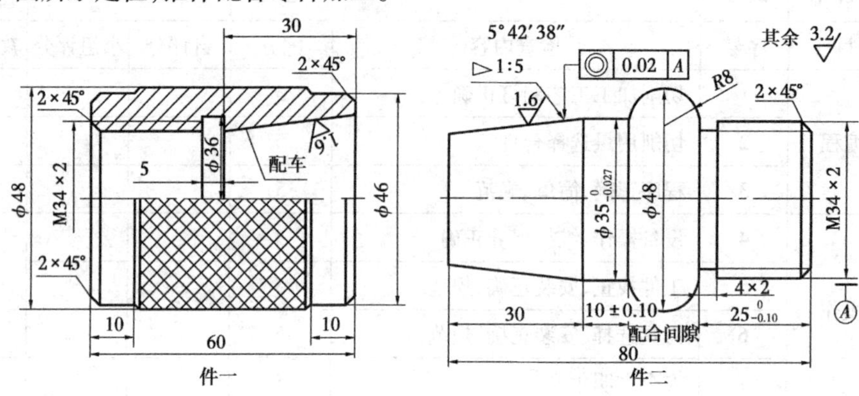

任务评价表

课题	锥体配合加工	零件编号		学生姓名		班级	
检查项目		序号	检查内容	配分	自评分	小组评分	教师评分
基本检查及零件质量	外圆	1	ϕ48 滚花	4			
		2	ϕ46　R_a3.2	4			
		3	$\phi\ 35_{-0.025}^{0}$　R_a1.6	5			
	锥体	4	外锥 1:5　R_a1.6	7			
		5	内锥 R_a1.6	13			
	螺纹	6	外螺纹 M34×2	6			
		7	内螺纹 R_a3.2	10			
	沟槽	8	内外退刀槽	3			
	倒角	9	2×45　4 处	8			
	长度	10	$25_{-0.025}^{0}$	3			
		11	60,80	2			
	圆弧	12	R8　R_a3.2	10			
	形位公差	13	同轴度精度 0.02	4			
	锥体配合	14	着色 70%间隙 10±0.10	6			
	螺纹配合	15	松紧适中	5			
	外观	16	工件完整	5			
	安全	17	安全文明操作	5			
总分							
综合评价					优、良、中、差		

任务二　螺纹配合加工

【实训目标】

知识目标	1.能识记螺纹配合零件图 2.知道螺纹程序编写的方法 3.知道螺纹的检测方法
技能目标	1.能看懂螺纹零件图 2.能正确运用G71、G70、G76指令编写程序 3.能正确进行对刀操作 4.能正确检测螺纹的精度
态度目标	遵守操作规程、养成文明操作、安全操作的良好习惯

【实训准备】

序　号	名　称	规　格	数　量	备　注
1	千分尺	0~25 mm	1	
2	千分尺	25~50 mm	1	
3	游标卡尺	0~150 mm	1	
4	钢直尺	0~150 mm	1	
5	螺纹环规	M20×2	1	
6	螺纹塞规	M20×2	1	
7	刀具	端面车刀	1	
		外圆车刀(偏刀)	1	
		切槽刀	1	
		钻头	1	
		外螺纹刀	1	
		内螺纹刀	1	
		镗刀	1	
8	其他辅具	1.刀台扳手、卡盘扳手		
		2.垫刀片若干		
9	材料	45钢(棒料) $\phi50\times100$,$\phi50\times90$		
10	数控车床			
11	数控系统	GSK980TDc		

活动一　加工任务

螺纹配合件加工任务见表5.9。

表5.9　螺纹配合加工任务表

项目	图　样	立体图
(件一)加工效果图		
(件二)加工效果图		
加工任务描述	进行内外螺纹配合加工,保证螺纹M20×2,螺纹旋合长度为21,表面粗糙度值R_a不大于1.6 μm,其余未标注加工表面粗糙度值R_a不大于6.3 μm	

活动二　加工任务分析

加工任务分析见表5.10和5.11。

表5.10　(件一)加工任务分析

加工结构	尺寸标注	尺寸精度(尺寸范围)	表面粗糙度	备　注
外圆(左一)	ϕ39	ϕ38.96~ϕ39.04	R_a不大于1.6 μm	
外圆(左二)	ϕ30	ϕ29.97~ϕ30	R_a不大于6.3 μm	
退刀槽	4×2	无	无	退刀槽的宽度与螺纹有效长度之和为25 mm
外螺纹	M20×2	无	无	
零件总长	40	39.9~40.1	无	

表5.11　(件二)加工任务分析

加工结构	尺寸标注	尺寸精度(尺寸范围)	表面粗糙度	备　注
外圆	ϕ 39	ϕ 38.96~ϕ 39.04	R_a 不大于1.6 μm	
内孔	ϕ 30	ϕ 30.0~ϕ 30.03	R_a 不大于6.3 μm	
内螺纹	M20×2	无	无	与外圆同轴度精度为 ϕ 0.027
内螺纹长度	25	无	无	
零件总长	30	29.92~30.08	无	

活动三　加工工艺与程序编制

一、确定加工方案及加工工艺路线

(一)确定加工方案

1.工件一的结构分析

工件一为轴类零件。表面由外圆柱面、阶梯外圆面、退刀槽及螺纹等表面组成,其中 ϕ39,ϕ30 这两个直径尺寸有较高的尺寸精度和表面粗糙度要求。表面粗糙度要求为1.6 μm,为了保证同轴度通常会减小切削力和切削热的影响,粗精加工分开,使粗加工中的变形在精加工中得到纠正,采用粗车—半精车—精车—粗磨—抛光,加工时需要零件材料为45号钢,毛坯尺寸为 ϕ45×80,切削加工性能较好,无热处理和硬度要求。

2.工件二的结构分析

工件二为套类零件。由外圆柱面、内孔、内槽、内螺纹组成。其主要特点是内外圆柱面和相关端面的形状。同轴度要求高,加工内螺纹时要与外螺纹配合进行加工,使其达到图纸要求的配合精度。加工时将上道工序切断的棒料进行装夹,加工右面的端面,该棒料是45钢,切削性能较好,无热处理。

(二)加工工艺路线

1.工件一加工步骤

①车外圆和端面确定机床坐标原点(对刀)。

②装夹左端面,车右端面并用尾座小钻头确定孔位,然后用顶尖装置顶紧。

③粗车外圆留加工余量0.2~0.5 mm。将图纸上尺寸加到 ϕ39.5、ϕ30.5、ϕ20.5。

④精加工各外圆尺寸,以达到图纸的要求,重点保证 ϕ30 外圆尺寸。

⑤加工退刀槽,槽4×2。

⑥用60°螺纹刀粗——精加工 M20×2 的螺纹达到图纸要求。

⑦调头装夹,选用4 mm的槽刀切断工件的同时将右端进行倒角。

⑧去除毛刺,检测工件的各项要求。

2.工件二加工步骤

①车外圆和端面确定机床坐标原点。

②车端面并用尾座小钻头钻定孔位,然后用顶尖装置顶紧。

③粗车 ϕ39 外圆,同时留余量2 mm进行精加工,松开顶锥,然后用 ϕ15 的钻孔刀钻至

30 mm的深度。

④用内孔车刀镗孔粗加工内孔 M20 带有螺纹的孔,精镗孔的精加工余量为 1.5 mm。

⑤用内螺纹车刀加工 M20 内螺纹,并与轴的外螺纹配合进行加工。

⑥用 45°硬质合金端面车刀倒角。

⑦调头车削左端面,保证长度为 30,误差为±0.08。

⑧用内孔车刀粗加工内孔 $\phi30$ 的孔,精镗孔的精加工余量留 1.5 mm。

⑨精加工 $\phi3$ 的孔,保证配合件间隙为 0.07~0.13 mm。

⑩用 45°硬质合金端面车刀倒角。

⑪去除毛刺,检测工件各项尺寸要求。

通过上述分析,可采用以下几点工艺措施:

对图样上给定的几个精度要求较高的尺寸,因其公差数值较小,故编程时要取平均值,以更好地保证加工完的零件在图纸要求的精度范围以内。

在轮廓曲线上,有 3 处为圆弧,其中两处为既过象限又改变进给方向的轮廓曲线,因此在加工时应进行机械间隙补偿,以保证轮廓曲线的准确性。

为便于装夹,工件二的坯件左端应预先粗找正,车出夹持部分,右端面也应先粗找正,车出夹持部分并钻好中心孔。工件一也是先找正车除左右两端的夹持部分,为该零件的加工建立粗基准。

二、零件加工参考程序

1.工件一加工程序

工件一加工程序见表 5.12。

表 5.12　工件一加工程序

加工程序	程序说明
O0001	程序名
T0101　M03　S500	
G00　X100　Z100	
G00　X46　Z2	
G71　U1　R0.5	G71 外圆加工
G71　P1　Q2　U1　W0　F100	
N1　G00　X16	
G01　Z0　F100	
X20　Z-2	
Z-25	
X28	
X30　W-1	
Z-30	
X37	
X39　W-1	

续表

加工程序	程序说明
Z-40	
N2　G01　X46　F100	
G00　X100　Z100	
M00	暂停、准备换刀进行切槽加工
T0202　M03　S300	
G00　X100　Z100	
X30　Z-25	
G01　X16　F20	
G01　X30　F100	
G00　X100　Z100	
M00	暂停、准备换刀进行螺纹加工
T0303　M03　S500	
G00　X100　Z100	
G00　X20　Z5	
G92　X20　Z-21.5　F2	螺纹加工指令
X19.5	
X19.2	
X19.0	
X18.9	
X18.8	
X18.7	
X18.6	
X18.5	
X18.4	
X18.3	
X18.2	
X18.1	
X18.0	
G00　X100	
Z100	
M00	暂停、准备换刀工件切断
T0202　M03　S300	
G00　X100　Z100	

续表

加工程序	程序说明
G00　X40　Z-45	
G01　X36　F20	
G01　X40　F100	
G01　Z-43	
G01　X37　Z-44　F20	
G01　X0　F20	
G00　X100　Z100	
M30	程序结束

2.工件二加工程序

工件二加工程序见表5.13。

表5.13　工件二加工程序

加工程序	程序说明
O0002	
T0101　M03　S500	
G00　X100　Z100	
G00　X15　Z2	
G71　U1　R0.5	G71内孔循环加工
G71　P1　Q2　U-0.5　F100	
N1　G00　X32	
G01　Z0　F100	
X30　Z-2	
Z-5	
X20	
X18　W-2	
Z-35	
N2　G01　X15　F100	
G00　Z100	
X100	
M00	暂停、准备换刀进行内螺纹加工
T0202　M03　S500	
G00　X100　Z100	
G00　X18　Z5	
G92　X18　Z-30.5　F1.5	内螺纹加工指令
X18.5	
X18.8	

续表

加工程序	程序说明
X19.0	
X19.1	
X19.2	
X19.3	
X19.4	
X19.5	
X19.6	
X19.7	
X19.8	
X19.9	
X20.0	
G00　X100　Z100	
M00	暂停、准备换刀进行外圆加工
T0303　M03　S500	
G00　X100　Z100	
G00　X45　Z2	
G71　U1　R0.5	
G71　P1　Q2　U1　W0　F100	
N1　G00　X39	
G01　Z0　F100	
Z-35	
N2　G00　X45　F100	
G00　X100　Z100	
M00	暂停、准备换刀工件切断
T0404　M03　S300	
G00　X100　Z100	
G00　X32　Z-34	
G01　X0　F20	
G00　X100　Z100	
M30	程序结束

活动四　加工执行

一、加工执行过程

①指导教师分析加工工艺,讲解加工方法和程序的编写方法。

②学生根据加工工艺要求,编写加工程序,并将程序输入机床。

③利用图形显示功能对程序进行模拟和校验,图形模拟时要注意接通机床锁住及 STM 辅助功能锁住键。

④根据工件的长度夹紧毛坯;按程序指定的刀位,安装好刀具。

⑤调整好主轴转速。

⑥应用试切对刀法进行对刀,并将刀具补偿参数正确地输入对应的刀号位置上。

⑦选择自动方式,并按亮单段运行;将快进倍率调到25%,进给倍率调到50%左右;按位置键使显示屏显示坐标及程序页面;按循环启动键后手点住进给保持键,观察刀具与工件的位置,并在刀具快碰到工件前暂停一下,对比当前刀具与工件的位置与坐标值是否一致,如果正确,就把快进、进给倍率调好,将单段运行灯按灭,再按循环启动键,进行自动加工;如果发现刀具与工件的位置有误,则必须重新对刀再加工。

二、实训操作注意事项

①要求学生单人操作,不允许多人操作。

②要求学生注意切削转速,吃刀深度及进给速度的合理选择。

③正确进行对刀操作,确保录入的数值准确。学生对刀操作完成后,指导教师必须进行验证检查。

④主轴开启时要求必须关闭防护门,要求学生养成良好的安全防范意识。

⑤主轴正反转转换时必须停转后再做转换操作。

活动五　加工质量检测

学生通过检测,完成零件加工质量表(表5.14),并进行质量分析。

表5.14　螺纹配合零件加工质量表

检测项目	测量工具	尺寸精度	实际测量值	是否合格	表面粗糙度值	是否合格	备注
工件总长	游标卡尺 千分尺	40±0.1、30、25、30±0.08					
左、右端面	粗糙度量块				R_a 不大于12.5 μm		
外螺纹	螺纹环规	正常旋合					
内螺纹	螺纹塞规	正常旋合					
外圆	游标卡尺 千分尺 粗糙度量块	ϕ39.95~ϕ40.05			R_a 不大于6.3 μm		
质量分析							

活动六　任务评价

任务评价表见表5.15。

表5.15　螺纹配合件任务评价表

课题	螺纹配合加工	零件编号		学生姓名		班级	
检查项目		序号	检查内容	配分	自评分	小组评分	教师评分
基本检查	编程	1	切削加工工艺制订正确	5			
		2	切削用量选择合理	5			
		3	程序正确、简单、规范	5			
	操作	4	设备操作、维护保养正确	5			
		5	工件找正、安装正确、规范	5			
		6	刀具选择、安装正确、规范	5			
		7	安全文明生产	5			
	工作态度	8	行为规范、遵守纪律	5			
零件质量	外圆（左一）	9	ϕ 39	5			
	外圆（左二）	10	ϕ 30	5			
	退刀槽	11	4×2	5			
	外螺纹	12	M20×2	5			
	零件一总长	13	40	5			
	外圆	14	ϕ 39	5			
	内孔	15	ϕ 30	5			
	内螺纹	16	M20×2	5			
	内螺纹长度	17	25	5			
	零件二总长	18	30	5			
	内外螺纹配合	19	螺纹配合松紧程度	10			
总分							
综合评价					优、良、中、差		

【课后练习】

根据所学知识,试分析下图零件的工艺性,设计零件加工工艺路线并写出数控程序。

1.装配图:

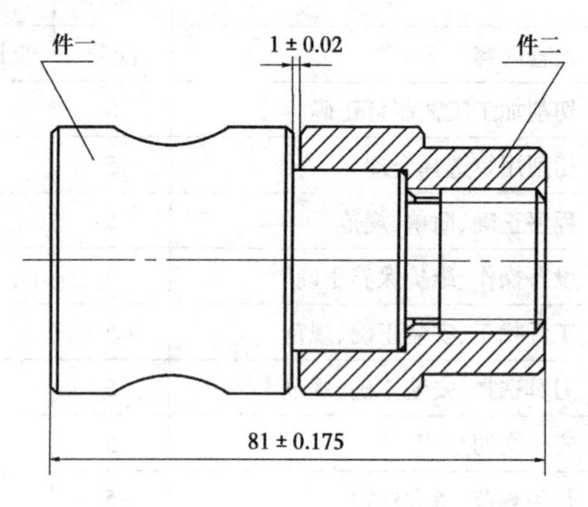

2.件一:

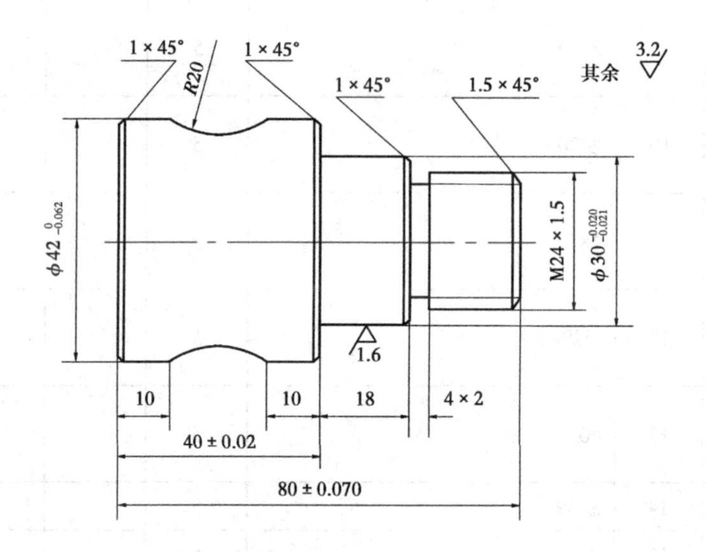

3.件二:

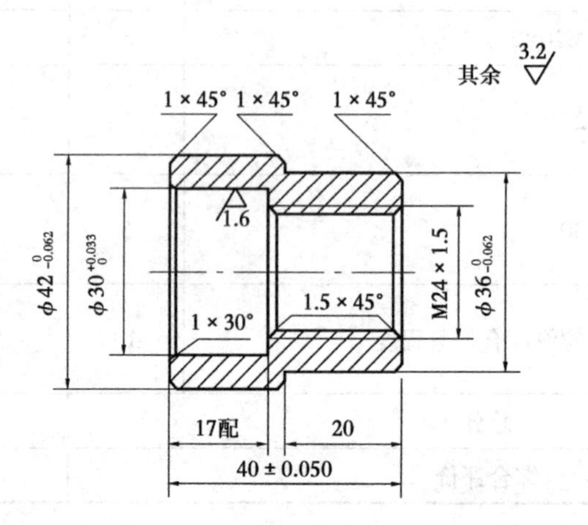

任务评价表见表5.16。

表 5.16　任务评价表

<table>
<tr><td>课题</td><td>螺纹配合加工</td><td>零件编号</td><td></td><td>学生姓名</td><td></td><td>班级</td><td></td></tr>
<tr><td colspan="2">检查项目</td><td>序号</td><td>检查内容</td><td>配分</td><td>自评分</td><td>小组评分</td><td>教师评分</td></tr>
<tr><td rowspan="8">基本检查</td><td rowspan="3">编程</td><td>1</td><td>切削加工工艺制订正确</td><td>5</td><td></td><td></td><td></td></tr>
<tr><td>2</td><td>切削用量选择合理</td><td>5</td><td></td><td></td><td></td></tr>
<tr><td>3</td><td>程序正确、简单、规范</td><td>5</td><td></td><td></td><td></td></tr>
<tr><td rowspan="4">操作</td><td>4</td><td>设备操作、维护保养正确</td><td>5</td><td></td><td></td><td></td></tr>
<tr><td>5</td><td>工件找正、安装正确、规范</td><td>5</td><td></td><td></td><td></td></tr>
<tr><td>6</td><td>刀具选择、安装正确、规范</td><td>5</td><td></td><td></td><td></td></tr>
<tr><td>7</td><td>安全文明生产</td><td>5</td><td></td><td></td><td></td></tr>
<tr><td>工作态度</td><td>8</td><td>行为规范、遵守纪律</td><td>5</td><td></td><td></td><td></td></tr>
<tr><td rowspan="16">零件质量</td><td rowspan="9">件一</td><td>总长 80</td><td>±0.070</td><td>4</td><td></td><td></td><td></td></tr>
<tr><td>外圆 $\phi42$</td><td>0
−0.062</td><td>4</td><td></td><td></td><td></td></tr>
<tr><td>外圆 $\phi30$</td><td>−0.020
−0.041</td><td>4</td><td></td><td></td><td></td></tr>
<tr><td>R20 圆弧</td><td></td><td>4</td><td></td><td></td><td></td></tr>
<tr><td>4×2 槽</td><td></td><td>2</td><td></td><td></td><td></td></tr>
<tr><td>M24×1.5</td><td>松紧适当</td><td>5</td><td></td><td></td><td></td></tr>
<tr><td>表面粗糙度</td><td></td><td>3</td><td></td><td></td><td></td></tr>
<tr><td>其他长度</td><td></td><td>2</td><td></td><td></td><td></td></tr>
<tr><td>倒角、未注倒角</td><td></td><td>2</td><td></td><td></td><td></td></tr>
<tr><td rowspan="7">件二</td><td>总长 40</td><td>±0.050</td><td>3</td><td></td><td></td><td></td></tr>
<tr><td>外圆 $\phi36$</td><td>0
−0.062</td><td>3</td><td></td><td></td><td></td></tr>
<tr><td>内孔 $\phi30$</td><td>+0.033
0</td><td>6</td><td></td><td></td><td></td></tr>
<tr><td>M24×1.5</td><td></td><td>4</td><td></td><td></td><td></td></tr>
<tr><td>表面粗糙度</td><td></td><td>2</td><td></td><td></td><td></td></tr>
<tr><td>其他长度</td><td></td><td>2</td><td></td><td></td><td></td></tr>
<tr><td>倒角、未注倒角</td><td></td><td>2</td><td></td><td></td><td></td></tr>
</table>

续表

检查项目		序号	检查内容	配分	自评分	小组评分	教师评分
零件质量	配合	1±0.02	±0.02	4			
		80±0.175	±0.175	4			
总分							
综合评价					优、良、中、差		

任务三　数控车工四级考试实例

一、试题单

试题代码:1.1.1

试题名称:轴类零件编程与仿真(一)

考生姓名:　　　　　　　　　　　　准考证号:

考核时间:90 min

1.操作条件

(1)计算机。

(2)数控加工仿真软件。

(3)零件图纸(图试题 1.1.1)。

2.操作内容

(1)编制数控加工工艺。

(2)手工编制加工程序。

(3)数控加工仿真。

3.操作要求

在指定盘符路径建立一文件夹,文件夹名为考生准考证号,数控加工仿真结果保存至该文件夹。文件名:考生准考证号_FZ。

(1)填写数控加工工艺卡片和数控刀具卡片。

(2)虚拟外圆车刀和镗孔刀的刀尖圆弧半径,不允许设定为零。

(3)螺纹底径按螺纹手册规定编程。

(4)螺纹左旋、右旋以虚拟仿真机床为准。

(5)每次装夹加工只允许有一个主程序。

(6)第一次装夹加工主程序名为 O0001(FANUC)或 P1(PA),第二次装夹加工主程序名为 O0002(FANUC)或 P2(PA)。

注:盘符路径由鉴定站所在鉴定时指定。

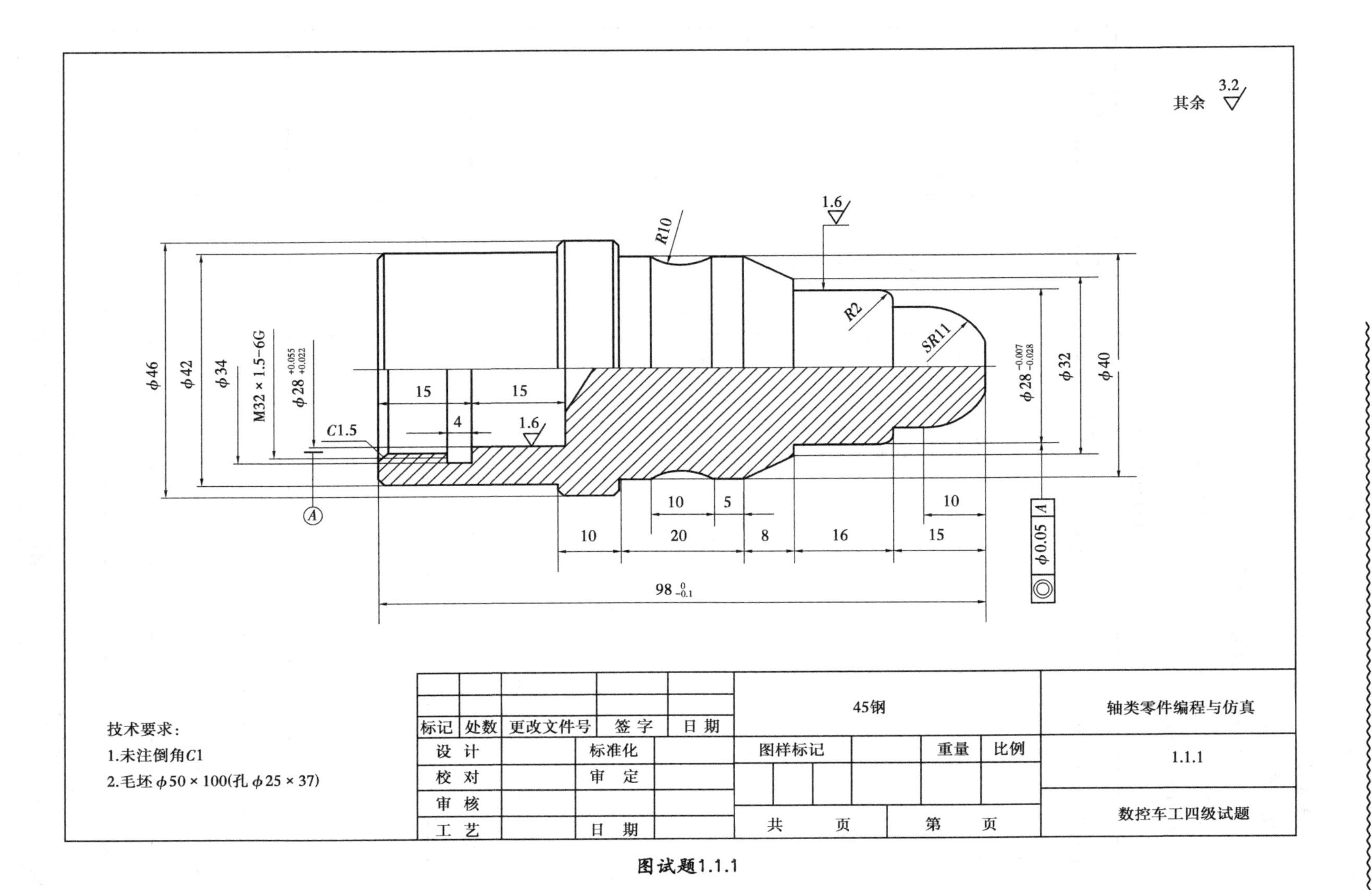
其余 3.2
1.6
R10
R2
SR11
φ46
φ42
φ34
M32×1.5-6G
φ28 +0.055 +0.022
φ28 -0.007 -0.028
φ32
φ40
15
4
15
C1.5
1.6
A
10
5
10
10
20
8
16
15
98 0 -0.1
φ0.05 A
技术要求：
1.未注倒角C1
2.毛坯φ50×100(孔φ25×37)
标记
处数
更改文件号
签 字
日 期
设 计
标准化
校 对
审 定
审 核
工 艺
日 期
45钢
图样标记
重量
比例
共　页
第　页
轴类零件编程与仿真
1.1.1
数控车工四级试题

图试题1.1.1

二、答题卷

试题代码:1.1.1

试题名称:轴类零件编程与仿真(一)

考生姓名:　　　　　　　　　　准考证号:

考核时间:90 min

数控加工工艺卡片

轴类零件编程与仿真单元数控加工工艺卡片	零件代号	材料名称	零件数量
			1

设备名称		系统型号		夹具名称		毛坯尺寸	

工序号	工序内容	刀具号	主轴转速/($r \cdot min^{-1}$)	进给量/($mm \cdot r^{-1}$)	背吃刀量/mm	备　注

编制		审核		批准		年　月　日	共1页	第1页

数控刀具卡片

序号	刀具号	刀具名称	刀片/刀具规格	刀尖圆弧	刀具材料	备注

编制		审核		批准		年　月　日	共1页	第1页

三、试题评分表

试题代码:1.1.1

试题名称:轴类零件编程与仿真(一)

准考证号:

考核时间:90 min

<table>
<tr><th colspan="2" rowspan="2">评价要素</th><th rowspan="2">配分</th><th rowspan="2">等级</th><th rowspan="2">评分细则</th><th colspan="5">评定等级</th><th>得分</th></tr>
<tr><th>A</th><th>B</th><th>C</th><th>D</th><th>E</th><th></th></tr>
<tr><td rowspan="5">1</td><td rowspan="5">工艺卡片:工步内容、切削参数</td><td rowspan="5">5</td><td>A</td><td>工序工步、切削参数合理</td><td rowspan="5"></td><td rowspan="5"></td><td rowspan="5"></td><td rowspan="5"></td><td rowspan="5"></td><td rowspan="5"></td></tr>
<tr><td>B</td><td>1个工步、切削参数不合理</td></tr>
<tr><td>C</td><td>2个工步、切削参数不合理</td></tr>
<tr><td>D</td><td>3个及以上工步、切削参数不合理</td></tr>
<tr><td>E</td><td>未答题</td></tr>
<tr><td rowspan="5">2</td><td rowspan="5">工艺卡片:其他各项(夹具、材料、NC程序文件名、使用设备等)</td><td rowspan="5">1</td><td>A</td><td>填写完整、正确</td><td rowspan="5"></td><td rowspan="5"></td><td rowspan="5"></td><td rowspan="5"></td><td rowspan="5"></td><td rowspan="5"></td></tr>
<tr><td>B</td><td></td></tr>
<tr><td>C</td><td></td></tr>
<tr><td>D</td><td>漏填或填错一项及以上</td></tr>
<tr><td>E</td><td>未答题</td></tr>
</table>

续表

<table>
<tr><th colspan="2" rowspan="2">评价要素</th><th rowspan="2">配分</th><th rowspan="2">等级</th><th rowspan="2">评分细则</th><th colspan="5">评定等级</th><th rowspan="2">得分</th></tr>
<tr><th>A</th><th>B</th><th>C</th><th>D</th><th>E</th></tr>
<tr><td rowspan="5">3</td><td rowspan="5">数控刀具卡片</td><td rowspan="5">2</td><td>A</td><td>刀具选择合理,填写完整</td><td rowspan="5"></td><td rowspan="5"></td><td rowspan="5"></td><td rowspan="5"></td><td rowspan="5"></td><td rowspan="5"></td></tr>
<tr><td>B</td><td></td></tr>
<tr><td>C</td><td>1把刀具不合理或漏选</td></tr>
<tr><td>D</td><td>两把及以上刀具不合理或漏选</td></tr>
<tr><td>E</td><td>未答题</td></tr>
<tr><td rowspan="5">4</td><td rowspan="5">内外圆、槽、螺纹加工程序与实体加工仿真</td><td rowspan="5">16</td><td>A</td><td>正确而且简洁高效</td><td rowspan="5"></td><td rowspan="5"></td><td rowspan="5"></td><td rowspan="5"></td><td rowspan="5"></td><td rowspan="5"></td></tr>
<tr><td>B</td><td>正确但效率不高</td></tr>
<tr><td>C</td><td></td></tr>
<tr><td>D</td><td>不正确</td></tr>
<tr><td>E</td><td>未答题</td></tr>
<tr><td rowspan="5">5</td><td rowspan="5">$\phi28_{-0.028}^{-0.007}$尺寸</td><td rowspan="5">2</td><td>A</td><td>符合公差要求</td><td rowspan="5"></td><td rowspan="5"></td><td rowspan="5"></td><td rowspan="5"></td><td rowspan="5"></td><td rowspan="5"></td></tr>
<tr><td>B</td><td></td></tr>
<tr><td>C</td><td></td></tr>
<tr><td>D</td><td>不符合公差要求</td></tr>
<tr><td>E</td><td>未答题</td></tr>
<tr><td rowspan="6">6</td><td rowspan="6">$\phi28_{+0.022}^{+0.055}$尺寸</td><td rowspan="6">2</td><td>A</td><td>符合公差要求</td><td rowspan="6"></td><td rowspan="6"></td><td rowspan="6"></td><td rowspan="6"></td><td rowspan="6"></td><td rowspan="6"></td></tr>
<tr><td>B</td><td></td></tr>
<tr><td>C</td><td></td></tr>
<tr><td>D</td><td>不符合公差要求</td></tr>
<tr><td>E</td><td>未答题</td></tr>
<tr><td>F</td><td>未答题</td></tr>
<tr><td rowspan="5">7</td><td rowspan="5">刀尖圆弧半径补偿</td><td rowspan="5">2</td><td>A</td><td>含圆锥、圆弧的外圆加工程序,使用了正确的刀尖圆弧半径补偿</td><td rowspan="5"></td><td rowspan="5"></td><td rowspan="5"></td><td rowspan="5"></td><td rowspan="5"></td><td rowspan="5"></td></tr>
<tr><td>B</td><td></td></tr>
<tr><td>C</td><td></td></tr>
<tr><td>D</td><td>没使用刀尖圆弧半径补偿</td></tr>
<tr><td>E</td><td>未答题</td></tr>
<tr><td colspan="2">合计配分</td><td>30</td><td colspan="8">合计得分</td></tr>
<tr><td>备注</td><td colspan="10">1.程序简洁高效是指:能采用正确的循环指令,循环指令参数设定正确,没有明显空刀现象;
2.程序效率不高是指:编程指令选择不是最合适,或者参数设定不合理,有明显的空刀现象</td></tr>
</table>

考评员(签名):

等级	A(优)	B(良)	C(及格)	D(差)	E(未答题)
比值	1.0	0.8	0.6	0.2	0

“评价要素”得分=配分×等级比值

参考文献

[1] 欧宇.数控车床编程与操作实训[M].重庆:重庆大学出版社,2013.
[2] 李均.数控车床编程与仿真加工[M].重庆:重庆大学出版社,2007.